지금의 학교
내일의 학교

학교건축은 왜 변화하지 않는다고 할까?

지금의 학교
내일의 학교

저자 정진주

학교건축의 잊지 말아야 할
근본적인 가치는
무엇인가

★★★★★
학교건축학자로서
학교건축을 보는
사고와 관점

바른북스

서론

학교의 근본 가치 이야기를 시작하기

사단법인 학교건축창의융합포럼 창립과 비전

학교의 근본 가치
이야기를 시작하기

초등학교 6년, 중학교 3년, 고등학교 3년, 총 12년 동안 생활했던 학교가 여러분들한테 어떤 곳이었을까? 혹시 그 학교의 공간과 그 학교건축 자체에 대해서 관심을 가져본 적이 있었는가? 새롭게 신설된 학교를 다닌 사람들, 오래된 학교 이어서 공간과 시설, 환경이 낙후된 학교를 다닌 사람들도 있기 때문에, 학교건축에 대한 느낌과 기억이 다를 것이라고 생각된다.

과거 우리나라가 인구 증가와 경제성장기의 시기에는 대량 공급, 시공 경제성, 유지관리성의 측면에서 학교건축이 전국적으로 평범하고 획일적으로 건축되었다는 평을 들어온 것이 사실이다. 그러나 2000년대 초반 이후 BTL방식으로 선진화된 학교가 신설되고, 다양한 교육정책과 교육과정을 수행하는 공간의 현실적 반영, 전문적인 학교건축 설계사무소의 역할, 시·도교육청의 현장 지원, 사용자의 요구가 반영된 학교의 시도, 해외 우수한 학교의 벤치마킹 등이 지속되고 있어 최근에는 새로운 학교의 형태들의 등장과 그 성장을 눈으로 확인할 수 있다.

그런데도, 여전히 우리 학교건축이 과거와 다르지 않고, 외국의 학교들과 비교해서 여전히 구시대에 머물러 있다는 말을 심심치 않게 듣는다. 정말로 그런 것인가? 그렇게 우리나라의 학교건축이 새로운 변화와 사회에 적응하지 못하는 과거의 시설인가?

　물론, 최근 10여 년 동안 새롭게 신설된 학교의 숫자는 우리나라 전체의 학교 수에 비교하면 5% 정도의 수준이어서, 우리나라 모든 학교건축이 모두 다 성장했다고 하기에는 무리가 있겠다. 그 10여 년 동안 신설된 학교건축이라도 모두 우수하다고 할 수는 없지만, 혹시 우리는 그 95%에 해당하는 시간적으로 물리적으로 오랜 시간이 지난 학교만을 지칭하며, 우리나라의 학교건축은 여전히 과거에 머물고 있다고 비판하고 있지는 않은 것인가? 학교건축의 변화와 발전이 더디거나 부족한 점이 있다는 비판을 함께 공감하면서도, 학교건축 발전에 전념을 다하고 있는 교육부, 시·도교육청, 건축사사무소, 학교건축연구자 등 관련자의 노고를 인정해주고, 지금보다 더 노력하자고 격려해 주는 것도 필요하다고 생각한다.

　학교건축학자로서 학교건축을 보는 사고와 관점이 여러분들과 어떻게 다른지, 그러나 학교건축의 잊지 말아야 할 근본적인 가치는 무엇인지 이야기해 보고자 한다.

사단법인 학교건축창의융합포럼
창립과 비전

    우리나라에 건축 관련 학회나 기관들은 다수 있지만, 그중 학교건축과 교육시설을 전문으로 다루는 기관은 한두 곳에 불과하다. 이런 단체들도 주로 논문을 발표하는 학술연구 중심이라서 실제 학교현장이나 일선 교육청 직원들은 도움받기가 어려울 수 있다.

    예컨대 학교 설립의 경우 교육부 지방교육재정과에서 타당성 검토와 설립 여부 심사를 담당한다. 일선 시·도교육청 학교 설립 관련 부서에서 설립안을 만들고 교육부에 올린 뒤 심사를 받아 학교 설립 타당성 허가를 받는 방식이다.

    그런데 공무원들은 대게 일반 행정직 출신으로 학교건축이나 교육학, 교육행정 분야의 전문가가 아니기 때문에 업무 처리에 어려움을 겪는다. 타당성 검토 시 어느 지역에 학생이 몇 년도까지 몇 명 늘어날 것 같으니, 어느 정도 규모의 학교가 설립돼야 하고, 예산이 어느 정도 필요한지 수치적으로 학교 설립에 대한 접근을 한다.

    학교에 왜 이런 공간이 필요한지, 학생과 교사들을 위해서 더 유익하고 좋은 공간이 있어야 되는지 정확히 판단하기 어렵다.

건축학과 교수로서 오래전부터 정책 현장과 실무의 간극을 줄여야 한다고 생각해 왔다. 10여 년 전부터 교육부와 시·도교육청의 학교 설립 관련 공무원들에게 학교건축 및 공간에 대해 강의하면서 학교건축 전문가와 담당 공무원의 접근방식에 어떤 차이점이 있는지 설명해 왔다. 학교현장의 변화와 요구는 무엇인지, 학교에서 왜 이런 건축공간이 필요한지, 왜 예산이 많이 드는지 이야기하기 시작했다.

그러다 보니 이런 강의 프로그램이 정례화되면 좋겠다는 생각이 들었다. 교육부나 시·도교육청 공무원들에게 학교건축 및 공간에 대한 식견을 넓혀 주는 교육, 연수 기관이 있으면 좋겠다는 주변의 요청도 많아서 비영리단체인 사단법인 학교건축창의융합포럼을 설립하게 됐다.

(한국공제보험신문(http://www.kongje.or.kr) 인터뷰, 2022. 01. 28.)

CFS/\

(사)학교건축창의융합포럼

CREATIVE CONVERGENCE FORUM FOR SCHOOL ARCHITECTURE

● 사단법인 학교건축창의융합포럼 심벌 로고,
  ⓒ청주대학교 산업디자인학과 김동하 교수

● CFSA REVIEW 창간호 잡지 표지

● 사단법인 학교건축창의융합포럼 홈페이지 초기화면
  사진: http://cfsa.re.kr/

목차

서론

학교의 근본 가치 이야기를 시작하기
사단법인 학교건축창의융합포럼 창립과 비전

학교건축은 왜 변화하지 않는다고 할까?

학교와 교도소의 공사비를 왜 비교할까?	16
20,706 〈 54?	18
눈에 보이지 않는 새롭고 좋은 학교	20
창유학교건축연구실	22
학교건축학자와 학교건축가	24

학교와 나무

학교와 한 그루의 나무	28
학교는 친구를 만나고 서로 교류하는 곳	29
시간과 놀이터	32
우리 유치원과 무엇이 다른가?	34
우리 초등학교의 놀이터	37

핀란드 옷과 우리나라 학교

핀란드 옷은 우리나라 사람에게 잘 맞을까?	40
핀란드의 역사와 기후	42
국민, 사회, 국가의 공통된 가치관과 교육철학	44
핀란드의 학제와 진학	46
핀란드의 국토와 학교 학생 정원	48
왜 우리나라의 학교는 핀란드의 학교와 다른가?	50
핀란드와 다른 우리 현실은 왜 외면하는가?	52

학교의 변화와 혁신

공간혁신의 본질   56

핀란드 초등학교의 복도는 우리나라 학교의 복도와 같다?   58

공간혁신은 블루오션?   60

놀이의 개념 재정립과 큰 '그릇' 바꾸기   63

그릇을 바꾸는 데 꼭 필요한 지원   65

모듈러 교사   70

특수학교와 우리 사회   73

교육시설안전 인증제의 시작   77

패러다임(Paradigm)과 학제의 변화

패러다임(Paradigm)의 의미   80

패러다임(Paradigm)과 변화의 불가피성   82

교육자와 학교건축 전문가의 사회적 책무   84

중2병과 어른 따라 하기   86

어린이 – ? – 어른   87

6-3-3 학제와 70년의 세월, 그리고 중2병   89

중학생들의 항의와 6-3-3 학제의 개편   91

올바른 통합운영학교 건축계획   93

ICT와 인터랙티브 교실

미래의 교실   100

ICT와 Interactive 클래스룸   103

건축설계와 통신업계 생태계의 파괴   105

학교의 AI 로봇   107

메타버스는 단순히 게임이 아니다   109

가장 큰 변화는 복도에서 시작되고 있다

복도와 교실의 경계는 명확한가?   112
남향 복도는 어떤가?   116
교류 홈으로서의 커뮤니티 몰   118
대계단은 복도인가?   120
일본 학교의 담장 재설치   122
복도가 확장돼 교실과 결합된 표현의 무대   123

왜 교육과정 공부 안 하는가?

건축가는 교육과정 공부 안 하는가?   128
변화된 교육과정에서 핵심 반영요소를 설계요소로 찾는다   130
2015 개정 교육과정에서 설계요소를 직접 찾아보자   133
2022 개정 교육과정은 고교학점제를 위한 발판   135
고교학점제, 충실한 교과교실제와 실습교과교실   137
홈베이스보다 중요한 미디어스페이스와 교사연구실   139
변화와 GAP   141

상호 간의 교류가 존중으로 바뀌는 공간에서 인성이 길러진다

학교에서 어떻게 인성교육 할 수 있는가?   144
어떤 교실에서 학생들은 서로 돕고, 배려하고, 예의 있게,
그리고 즐겁게 생활하는가?   146
중학교 자유학기제와 실습교과교실   148
지역과 연계된 공간에서 학생은 인성을 키운다   150
상호 간의 교류가 존중으로 바뀌는 활력적 공간   160

학교는 학교다워야 한다! 한다?

건축가들로부터 시작된 선입견과 학교건축의 획일화   164
학교가 요구한 공간이 아니다   169
학교의 정면이 한 곳일까?   173
학교의 시청각실은 극장처럼 중요해졌다   178
창고와 기자재실은 넓으면 넓을수록 좋다   180

도서실은 어디에 있어야 하고 공간구성은 어떻게 하는가?

독서는 창의성 함양에 기본이다   184
도서실은 교류와 만남의 장소이기도 하다   187
그런 도서실을 만들고 싶었다   188
아이비리그대학 입학과 도서실   191
아이들이 누워서도 앉아서도 책을 보게 해 주자   193
밝은 소음과 어두운 소음   196

학교공간에 영향을 주는 미래교육환경의 변화와 대응은?

학령인구 감소와 추이   200
미래교육환경에 변화요인에 대응하는 학교공간   202
사단법인 학교건축의융합포럼의 국제포럼 개최   204
지역 커뮤니티시설과의 복합화학교의 증가   206
초·중 또는 중·고 통합운영학교의 증가   210
도서실과 결합된 종합미디어센터   214
스포츠클럽 활동이 강화된 공간   221
초등학교 활용가능교실을 지역이 요구하는 공간으로   223

팬데믹에 대응 가능한 학교공간 활용 대안

COVID-19 등과 함께 살아갈 수밖에 없는 일상   226

기존 학교의 교실 환경을 그대로 활용하는 대안   228

신설학교 및 증개축이 가능한 학교공간의 가변적 대응 대안   232

학년별 영역 조닝 및 학생 이동 동선 가이드 개선 전환   236

평상시와 팬데믹 시의 조닝 및 평면구성 콘셉트 대안   238

평상시에서 팬데믹 시의 경우 대응공간의 변화과정 콘셉트 대안   240

학교건축가의 의무적이며, 창의적인 사명

유연하고 가변적인 학교건축 및 공간으로 전환   244

학교건축을 공부하는 건축가에게만, 2가지를 꼭 부탁드린다   246

학교와, 같은 나무들   248

당신은 어떤 큰 나무를 심겠는가?   249

학교건축은 왜 변화하지 않는다고 할까?

학교와 교도소의 공사비를 왜 비교할까?

학교건축은 왜 변화하지 않는 것처럼 보인다고 말을 할까? 우리
는 혹시 최근에 언론 매체나 TV 등을 통해서 이런 비교를 들어 본 적
이 있을 것이다.

"우리 학생들이 다니는 학교가 교도소보다 공사비가 매우 낮다."

그래서 방송에 출연한 패널들이 우리 아이들이 교도소보다 열악
한 곳에서 생활하고 있어 불쌍하다고 안타까워 하는 것도 본다. 당연
히 교도소의 공사비가 학교의 공사비보다 높다. 표면적으로는 맞는
이야기이다. 그러나 나는 이 비교를 매우 주의해야 한다고 생각한다.

두 건축이 수행하는 기능적 차이로 상호 비교 대상이 아니라는 것
이다.

학교라는 곳은 학생들이 학습하고, 서로 교류하고 생활하는 기능
의 장소이다. 그러한 기능에 충실하도록 건축을 한다. 교도소는 범

죄를 지은 사람들을 수감하고 교화시키는 곳이다. 그래서 교도소라는 곳은 수감의 기능을 수행하기 위해 벽도 높고, 두껍고, 강해야 된다. 수감 기능을 위한 시설과 공간도 필요하고, 감시와 통제를 위한 CCTV나 전문장비를 갖춘 공간도 설치되어야 되고, 수감자를 교육하는 시설도 있어야 되고, 식당, 체육관 등 여러 시설들이 필요하게 된다. 거기에 교도관들을 위한 행정, 지원, 상주시설 등도 필요하게 된다.

결국 학교와 교도소의 2개의 기능은 완전히 다르다. 다시 말해 교도소라는 건축이 수행하는 기능은 학교가 수행하는 기능보다 훨씬 더 특수하다고 할 수 있다. 그러니 단위 면적(㎡)당 공사비를 비교한다면, 교도소가 학교보다 매우 높은 것이 당연한 것이다. 표면적으로 높은 것이 사실이라고 한 이유이다.

그러나 그에 앞서, 학교건축이 수행하는 기능과 교도소가 수행하는 기능이 너무나 상이하기 때문에, 2개의 상이한 기능을 위해 투입된 공사비를 수평 비교할 수는 없는 것이다. 그런데 많은 사람들이 학교는 단위 면적(㎡)당 공사비가 예를 들어, 대략 200만 원인데 교도소는 대략 1,000만 원이라는 식의 단순히 개별 투입된 수치를 이야기한다면 일반인들은 오해할 수밖에 없게 된다.

20,706 〈 54?

위 두 수의 비교는 무엇을 의미하는가? 두 건축 대상의 숫자의 차이이다.

KEDI의 2021년 8월 기준 통계로 우리나라의 총 유치원의 수는 8,660교, 초등학교는 6,157교, 중학교는 3,245교, 고등학교는 2,375교, 특수학교 187교, 기타 및 각종학교 82교, 총 20,706교가 넘는다.

반면 우리나라의 교도소는 40개 교도소, 11개 구치소, 3개 구치지소를 포함해서, 총 54개 곳이다. 단순히 산술적으로 비교하면 약 400배가 넘는다. 그리고 교도소의 수는 매년 계속적으로 증가하지 않는다.

그러나 학교는 현재의 2만여 교가 넘는 학교들에 더해 매년 평균 90여 개 학교를 신설해서 또 짓는다. 학생 수가 지속적으로 줄고는 있어 극소규모학교의 통폐합이 이루어지고 있지만, 도시의 재편, 신도시나 주거단지의 개발과 확장 등으로 인해 신설되는 학교 수는 계속적으로 증가한다.

따라서, 새로운 학교를 신설하기 위한 예산과, 2만여 교가 넘는 학교들을 관리하기에 필요한 엄청난 예산이 소요될 수밖에 없게 된다. 그래서 교육부는 학교건축에 대한 예산을 학교 신설비와 기존 학교 유지관리비로 크게 나누어, 한정된 예산을 효율적으로 사용해야만 하는 것이다.

교육정책, 교육과정, 사용자요구, 미래사회변화의 적용에 대응하는 새로운 학교건축을 시도하면서도, 학교를 기능적으로 간결화된, 공사비를 절감할 수 있는, 향후 유지관리가 보다 용이한 학교를 신축하게 되고, 기존의 학교들에는 공평하게 유지관리에 필요한 예산을 이원적으로 투입해야 하기 때문이다.

눈에 보이지 않는 새롭고 좋은 학교

그렇다면, 학교건축은 왜 변화하지 않는 것처럼 보인다고 말을 할까?

이렇게 교육부, 시·도교육청 학교시설 담당자들은 처해진 예산과 조건 내에서 20~30년 전과는 확연히 다른, 최고 수준의 학교건축을 위해 매년 평균 90여 학교를 계획하고 신설하고 있는데도, 왜 학교건축은 예전과 다를 게 없다고 비판받는 걸까?

혹시 신설되는 평균 90여 학교는 전국적으로 보면 그 수가 많지 않아서, 우리 주변에서 그 변화와 발전된 사례가 눈에 잘 띄지 않는 것이고, 기존의 노후된 학교의 수와 노후 속도는 가중해서 훨씬 더 많아 보여서, 우리 주변에는 늘 학교가 예전과 다를 게 없다고 인식되지는 않을까?

더 중요한 것은 설계자의 학교건축에 대한 전문성 및 역량의 차이, 담당 공무원의 학교설계 이해도의 차이, 시·도교육청의 예산의 차이 등으로, 기존의 학교와 별다른 차이가 없는, 사용자가 흠뻑 만족하고 감탄을 자아내는 환상적인 내부공간 등을 갖추진 못한 학교 건축만이 우리 눈에는 더 잘 띄는 것이 아닐까?

창유학교건축연구실

● 창유학교건축연구실 심벌 로고

創遊 창유학교건축연구실, 제 연구실의 이름이다. 한자로 創(창조할
창), 遊(놀 유), 영어로는 'Creating while Playing', 그래서 놀면서 창조
하는 곳이라는 뜻이다.

1999년, 아직은 젊었던 시기에, 박사과정에 입학해 학교건축을
공부하면서, 일본의 학교건축을 답사하러 갔다. 어느 여자 중학교 여
성 교장 선생님이 저한테 "학교를 설계할 때 무엇을 가장 중요하게
생각하는가?"라고 물어보았다. 그래서 "부지를 남북으로 적절히 반
을 잘라서 아래쪽에 운동장을 두고 위쪽으로는 교사동을 동서로 길

게 남향이 되도록 둔다. 교사동이 부족할 때는 뒤로 한 줄 더 배치하고, 두 동을 복도로 연결하고, 교사동 오른쪽이나 왼쪽 주 도로변에, 주차장을 두고, 그 위에 식당과 강당을 배치한다" 이런 식으로 호기롭게, 마치 '건축 기술자'답게 아주 기계적으로 답변했다. 그러자 그분은 고개를 갸우뚱하면서 자기는 학교건축 전문가는 아니지만, 학교에서 오랜 생활을 했던 사람으로서, 이렇게 생각한다고 하였다. "학교는 아이들이 친구들과 선생님을 만나러 오고, 만나서 즐겁게 노는 곳이다. 그런 공간이 제일 중요한 것 같다. 그래서 아이들이 즐겁게 교류하고 노는 곳을 먼저 근사하게 제일 좋은 곳에 설계를 해 주고 남는 곳에다가 필요한 교실들을 넣어 주면 좋은 학교가 될 거 같다" 그러면서 '創遊'라는 단어를 써 주었다. 학교는 아이들이 놀면서 공부하는 곳, 놀면서 창조하는 곳이라며.

그때부터, 학교건축을 대하는 자세가 변화하고, 철학을 정립하기 시작한 것 같다. 그 후로, 학생들이 공부를 잘하도록 돕는 곳으로서만의 학교가 아니고, 학생들이 놀면서 생활하고 교류하고 즐기는 곳이 되도록, 그리고 학교라는 곳이 가졌던 본래의 의미와 가치에 충실하면서, 사회와 패러다임의 변화, 사용자의 변화를 반영해 줄 수 있는 그런 학교를 만들기 위해, 학교건축학자로서, 한 자세로 노력해 오고 있다.

학교건축학자와 학교건축가

나는 학교건축의 변화와 발전이 더디거나 부족한 점이 있다는 비판을 가슴 깊이 함께 받아들여야 한다고 말한다. 그리고 한편으로는 학교건축 변화와 발전에 전념을 다하고 있는 교육부, 시·도교육청, 학교건축가, 학교건축학자 등 관련자의 노고를 인정해 주고, 지금보다 더 노력하자고 격려해 주자고 한다.

1999년 박사과정에 입학해 학교건축을 공부하겠다고 하니, 아무나 하는 일이고, 돈도 안 되는 일이니, 그걸 왜 박사과정이 공부하느냐 핀잔을 주던 선배는, 정말 학교건축은 아무나 할 수 있는 것으로, 전문성이 전혀 필요 없는 것으로 믿었던 것 같다. 그 선배만이 그런 생각을 가진 것이 아니었던지, 정말 지금까지도 대학원에서 학교건축을 진지하게 공부하는 사람들이 별로 없었다. 현재 우리나라 건축학과 교수 중에 학교건축으로 박사학위를 받고 공부하는 학자는 이제 5명도 되지 않는다.

최근 '그린스마트 미래학교'라는 거대한 사업 덕분인지, 학교건축에 대해 공부하는 석사과정생들이 늘고 있다는 이야기를 듣지만, 정작 깊은 고민을 함께해야 할 박사과정으로의 진학은 좀처럼 늘지 않는다. 여전히 돈이 안 된다는 것보다 그 분야를 공부한 사람들의 노력을 제대로 인정해 주지 않아서 그런 것이라 생각한다.

우리는 교육이 늘 변화해야 한다고 이야기한다. 그러나 그처럼 변화 속에 직면한 교육은, 그 교육을 올바르게 전개하는 데 발목을 잡지 않는 파트너로서, 창의적이고 건전한 '학교건축가'를 요구한다. 아무나가 아니다. 이 파트너 자격을 모든 건축가가 받을 수 있는 것은 아니다. 상업적 시선과 접근을 뒤로 한 채, 학교건축에 대해 사명감과 진심 어린 애정을 가지고 헌신하는 '학교건축가'만이 그럴 수 있다. 그러한 헌신을 존경해야 하고, 그들에게 예의를 기해야 한다. 그들의 헌신이 학교를, 교육을, 아이를 변화시켜 인류의 미래에 투영되기 때문이다.

의사가 내과, 외과, 성형외과, 정신과 등으로 아주 전문적으로 세분되어 있는 것처럼, 어떤 건축가든, 교수든 오랫동안 스스로가 인정해 오며 지속해 온 한 분야가 있기 때문에, 절대 모든 건축분야의 전문가가 될 수 없다. 그래서 일반인이든, 언론이든, 공무원 등을 상대로 그렇게 자신을 과장하고 다녀서도 안 된다.

누군가가 물으면, "저는 겨우 학교건축만 전문가다"라고 답한다.

학교와 나무

학교와 한 그루의 나무

　한 그루의 나무 아래, 어느 한 사람이, 몇 사람들에게 자신의 생각에 대해 말하고 있었다. 그리고 사람이 모여들었다.

　학교는 이렇게 시작되었다.

학교는 친구를 만나고 서로 교류하는 곳

학교는 친구를 만나고 서로 교류하는 것이 근본적인 기능이 아닐까?

학교 'School'이라는 영어 단어의 기능적 어원에 대해서, 나의 관점을 편안하게 이야기하겠다.

유치원은 영어로 Kindergarten이다. 아이들(Kinder)과 정원(Garten)의 합성어이다. 18C 유럽에서 산업혁명이 시작되고, 공장에 많은 노동자가 필요하게 되자, 어른들은 공장에 가서 일을 하게 된다. 집에 남겨진 어린아이들을 돌볼 필요성이 생기게 된다. 남겨진 아이들을 함께 모아서 돌보고, 사회성을 함양시키고, 최소한의 시간에 성경공부를 시키기 위해 시작된 곳이 유치원이라고 한다.

초등학교는 영어로 School, Elementary School이다. 이 단어의 어원은 고대 그리스의 Schole라는 단어에서부터 시작된다. 이 단어는 여가와 휴식 또는 즐기는 곳이라는 뜻을 가지고 있다. 그리스의 귀족 자녀들은 누군가와 함께 토론하고, 노래하고, 그림 그리고 하는 놀이를 즐겼고, 그러한 여가와 휴식을 즐기기 위해서 만나는 곳을 Schole라고 했다. 이 어원 Schole가 지금의 School이 된다.

중·고등학교는 (Junior·Senior) High School, Secondary School이라고 한다. 이 단어는 School에서 파생된 것이고, 청소년들을 위한 장소는 Gymnasium에서 어원을 찾을 수 있다. 청소년기에 진입하고, 나중에 성인이 되면, 지도자로 성장하도록 준비하게 된다. 전쟁에 참여하게 되면, 전술 등을 익히고, 창던지기, 활쏘기, 말타기, 마차 몰기 등을 훈련하게 되고, 스스로 몸을 강인하게 단련해야 했기 때문에 이를 익히기 위한 장소인 체력장 등의 기능이 Gymnasium, Gym이다.

그러면, 유치원, 초등학교, 중·고등학교 단어의 어원에서는 단순히 공부한다는 곳의 의미는 좀처럼 찾을 수가 없다. 사회성을 익히고, 서로 만나서 즐겁게 놀고 즐기고, 운동하고, 체력을 기르는 총체적 의미인, '교육'을 뜻하는 영어 단어는 Education이다. '교육시키다'라는 동사 단어 Educare는, E(밖으로)+Ducare(낳는다)의 합성어이다. 이 의미는 하나의 개성적인 인간이 온전히 표출되어서 사회로 나아가도록 돕는 것이라는 것이다. 역시 교육이라는 단어에도 사실은 공부를 하게 한다는 의미가 더 중요하지는 않았을 것 같다.

그러면, 우리는 학교라는 곳이 가졌던 본래의 의미보다는 애써 '공부만 하는 곳'이라고, 그래서 재미없는 곳이라고 주로 인식하고 있지는 않았을까? 그러나 학교라는 곳에서 아이들이 좀 더 즐겁고, 건강하고, 건전한 사람으로 함께 성장해 간다면, 공부라는 것도 더 즐거운 것이 될 수 있지 않을까?

단어가 갖는 의미에만 집착하자는 것이 아니다. 사회와 시대가 과거와는 현저히 바뀌어 원래의 의미는 현대에 맞게 변화되고, 그것이 당연하지 않냐는 의견에도 절대 동의한다. 그런데 우리가 학교건축을 계획하고, 설계하고, 지을 때, 사회성을 익히고, 서로 함께 놀고, 즐기고, 운동하고, 신체를 단련하고 하는 기능이나 공간은 배제하거나 최소화하고, 공부하는 공간에만 주로 집중해서 학교건축을 대해 오지는 않았을까?

그런 학교건축이 우리가 주변에서 주로 보아 오던 것이 아니었을까?

시간과 놀이터

● 우리 주변 아파트단지 내 텅 비어 있는 놀이터 풍경

혹시 학교가 끝난 오후 시간대에 우리 주변의 아파트단지 내 텅 비어 있는 놀이터의 풍경을 본 적이 있는가?

놀이터라는 곳은 어린아이들이나 학생들이 누구에게도 구애받지 않고 노는 곳이고 서로 만나는 곳인데, 방과 후의 시간대라면 더욱 아이들이 서로 모여 가득해야 할 그런 곳이, 왜 텅 비었을까?

바로 학원을 가야 되기 때문에, 방과 후에도 공부해야 하기 때문에, 학원을 가야 하는 시간대에 맞춰 비어 있는 놀이터가 된 것이다. 시간이 지나 학원이 끝날 무렵, 집에 가기 전 이 놀이터를 잠깐 들르는 아이들이 나타나겠지만.

우리 유치원과 무엇이 다른가?

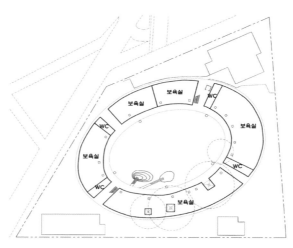

● 일본 도쿄 다찌가와시 후지유치원 배치 및 1층 평면

이 도면이나 사진을 보여 주며, 우리 유치원과 무엇이 다른가라고 물어본다. 거의 대부분 타원형이 우리의 사각형과 다르다고 대답한다.

일본 도쿄 다찌가와시 후지유치원은 원형의 건축적 형태가 다른 것이 아니다. 아이들이 끊임없이 도망(잡기놀이)갈 수 있는 곳, 운동장은 울퉁불퉁하고, 평평하지 않아, 스스로 넘어지지 않으려고 균형 잡는 행위를 익히도록 하게 만드는 곳, 시간표가 없어 무언가 하고 싶은 것을 계속할 수 있어 집중감을 높이고, 아이가 정말 좋아하는 것을 찾게 만들어 주는 것이 다른 곳이다.

무엇이 다른지 궁금할 것 같아, 이 유치원을 설계한 타카하루+유이 테즈카 아케텍츠 대표 건축가(도쿄도시대학 교수)인 타카하루 테즈카와 내가 2021년 진행했던 인터뷰를 소개한다.

우선 가장 먼저 후지유치원의 차별점은 건물이 아니라 원장 선생님이 다르다. 그리고 모두가 타원형을 봤을 때 멋있게 보이려는 의도가 아닌가라고 생각했을 것이다. 하지만 실제는 그렇지 않다. 후지유치원을 모방한 유치원을 보면 모두 멋있게 보이려고 하는 경향이 있다. 단순한 모방은 타원형으로 둘러 싸여져 있는 공간이 마치 형무소처럼 보여진다.

후지유치원의 건물 설계 방법이라고 하는 것은 '禪(ZEN)'이라고 하는 불교의 사고방식을 취하고 있다. 한가운데를 비워 놓고 다양한 것을 넣을 수도 있고 뺄 수도 있는 방식이다. 조금 더 알기 쉽게 설명을 하자면 캠프파이어를 예로 들 수 있다. 캠프파이어라는 것은 사람이 한가운데 갈 수가 없다. 한가운데는 뜨겁기 때문이다. 따라서 둘러싸여 있게 되는데 특히 흥미로운 점은 캠프파이어는 담이 없다.

즉 벽이 없다. 이러한 사고방식이 후지유치원의 설계방식이라고 할 수 있다.

원 위에서는 어디에서든 평등하다. 하지만 중심이 있게 되면 평등하지 않게 된다. 이는 캠프파이어와 같다. 캠프파이어의 경우 선생님도 아이들도 모두가 평등한 상태에 놓이게 되는 것이다. 이러한 것이 후지유치원 본연의 방식과 매우 가깝다. 캠프파이어의 경우 다양한 사람들과 마주하게 되어 얘기를 나눌 수 있다. 이처럼 중심이 없는 것, 이것이 후지유치원의 가장 중요한 점이다. (타카하루 테즈카 인터뷰, CFSA REVIEW WINTER NO.07, p.22)

우리 초등학교의 놀이터

● 일본 시가현 오오미야와타시 기리하라 소학교, 제주 종달초등학교의 교사동과 놀이터

역시 이 사진을 보여 주며, 우리 초등학교와 무엇이 다른가라고 물어본다. 선뜻 대답하는 사람을 본 적이 없다. 유심히 다시 보라고 한다. 그래도 대답이 없다.

놀이터의 위치이다. 놀이터가 교사동 바로 앞에 있다. 아주 멋진 놀이터나 놀이기구가 아닌, 아주 기본적인 철봉, 미끄럼틀, 시소, 그네 등일 뿐이다. 대답을 못 하는 이유는 거의 관심 가져 본 적이 없기 때문이다.

초등학교 운동장에 있는 놀이기구를 기억해 보자. 우리 주변 대부분 초등학교에는, 놀이기구가 학생들이 생활하는 교사동에서 가까운 곳이 아니고, 운동장 반대쪽에 있다. 쉬는 시간에 실내화를 갈아신고, 운동장을 가로질러 저 멀리 가서 놀고 올 수 있을까? 혹시 놀이기구를 이용하지 말아라. 혹시 수업이 끝나고 집에 갈 때까지는 놀지 말라고 하는 것은 아닌가? 결국 우리 초등학교의 놀이기구는 학교를 구성하는 요소로서, 도면상에 존재 여부로 허가를 받기 위해 필요한 요소로서만 존재하는 곳은 아닌가? 초등학교의 저 멀리 있는 그 놀이기구의 위치를 옮겨주는 것조차 건축가들은 관심이 없었던가? 건축가들도 학교는 그저 공부만 하는 곳이라고만 여겨온 것은 아닌가?

제주는 비교적 소규모학교가 많다 보니, 교사동의 규모가 작고, 운동장과 외부공간 규모의 스케일이 상대적으로 작다. 그래서 큰 학교들과 달리 운동장, 놀이기구, 교사동과의 거리가 비교적 가깝다.

아이들은 아파트 놀이터에서도, 학교의 놀이기구에서도 즐겁게 놀고 싶어 한다.

핀란드 옷과
우리나라 학교

핀란드 옷은 우리나라 사람에게
잘 맞을까?

언젠가부터 우리나라 교육계는 너 나 할 것 없이, 북유럽의 교육, 핀란드의 교육에 열병을 앓고 있는 것 같다.

아이들의 모습은 행복하기 그지없고, 아무런 걱정 없이 학교를 즐기는 모습의 이상적인 사례로, 각종 언론 프로그램의 단골 주제이기도 하다. 정부, 시·도교육청, 학교, 교육계의 여러분들이, 다녀오지 않으면 마치 뒤처진다고 생각하는 듯 핀란드에 앞다투어 연수를 간다.

왜 이렇게 열광할까? 정말로 무엇을 배우기 위해 가 보지 않으면 안 되는 걸까? 아니면 누구나 다 가니까 나도 한 번쯤은 그래야 하는 건가?

북유럽과 핀란드는 여러 분야에서 우리가 참고할만한 유럽 선진국들 중에 하나란 것은 분명하고, 교육적 측면에서도 연수나 답사를 갈 충분한 이유가 있는 것은 사실이다.

다녀온 사람들은, 많은 걸 봤다, 좋았다, 멋있었다, 새로운 경험이었다라고 흥분하듯이 말을 한다. 그런데, 우리나라의 교육에, 학교현장에, 학교건축에 무엇을 어떻게 반영할까요 하면, 대부분이 선뜻 말을 못 한다. 왜 그럴까?

이런 상황을 여러 번 겪어 보면서, 왜 열광을 하는 것인가? 그리고 열광을 하더라도 먼저 제대로 알고 열광을 하는 것이 좋지 않은가? 라는 의문이 들었다.

그래서, 제가 고민했던 핀란드의 교육철학의 배경과 학교건축의 현황의 일부를 말씀드릴 테니, 우리나라와 무엇이 다른지 간단히 비교해 보고, 혹시 무엇을 참고할 수 있을지를 생각해 보면 어떨까 한다.

핀란드의 역사와 기후

● 핀란드 위도 및 위치
지도: google.com/maps

핀란드는 좌측에 국경을 맞대고 있는 스웨덴으로부터 600여 년
동안 식민지배를 받았고, 스웨덴으로부터 독립되자마자 바로 우측에
국경을 맞대고 있는 러시아로부터 다시 100여 년 동안의 식민지배
를 받았다. 무려 700여 년, 정말 오랜 동안의 식민지배를 받고 1917
년에 비로소 독립이 된다.

핀란드를 이야기할 때, OECD 국가 중에서 민주주의가 가장 발달

하고 국민의 적극적인 정치 참여가 가장 높은 나라 중의 하나라고 한다. 역사적으로 매우 힘든 시기를 겪었을 것이 분명하고, 독립된 해도 100년 정도밖에 되지 않았던, 과거의 아픈 역사와 같은 그런 일을 다시는 겪지 않으려고, 국민들 모두가 스스로 지금의 자유로운 나라와 민주주의를 지켜 내야 하니까 그런 게 아닐까?

핀란드는 전 국토의 90% 이상이 위도 60도 이상의 동토, 얼음 땅에 위치하고 있다. 주변과 위쪽으로 아이슬란드, 그린란드 등의 국가와 비슷한 위도상이니, 얼마나 추운 곳에 있는지를 알 것 같다. 실제로 농작이 가능한 면적도 10%밖에 안 된다는 곳이다. 핀란드의 겨울은 10월부터 이듬해 2월까지이다. 11월부터 1월까지는 하루 중에 16시간 이 밤이다. 그래서인지 국민들이 심리적으로 위축되고 무력감을 많이 느낀다고 한다.

국민, 사회, 국가의 공통된
가치관과 교육철학

핀란드는 국민 1인당 음주량이 세계 1위 수준이라고 한다. 밤이 너무 기니까 술로 잠을 청하게 되어서일까? 또 역으로 밤이 기니까 책을 많이 읽는 것 같다. 독서율 또한 세계 1위 수준이다. 우울하고 위축감이 많이 생기니까 자살률도 높다고 한다. 불과 얼마 전까지 OECD 국가 중에서 자살률이 가장 높은 수준이었다고 한다.

이처럼, 역사, 지리, 기후, 생활환경적 특성이 핀란드 국민들로 하여금 지금 주어진 현재를 즐기고 행복하게 살아가는 것이 무엇보다 중요한 가치라고 만들게 되었다고 생각한다.

전 국민, 사회, 국가가 그러한 공통된 가치를 존중하니까, 어린 학생들이 경쟁하고, 공부를 우선하는 것보다 즐겁게 놀고, 행복을 추구하는 것이 자연스럽게 학교와 교육에서의 우선적인 가치가 되었을 것이다. 그리고 이러한 가치를 전 사회와 국가와 국민들이 함께 바라면서, 행복의 추구라는 것이 바로 핀란드 교육철학의 근간으로 자리잡는다.

이것이 우리나라 학교건축과 비교하기 위해 핀란드를 제대로 이해해야 할 첫 번째 주안점이다.

핀란드의 학제와 진학

핀란드의 학교도 시험이 있다. 그러나 평가 결과나 학생의 순위를 공개하지 않는다. 시험의 기능은 학생을 평가하기보다는 교사가 학생을 얼마나 잘 가르치고 다수의 학생을 보편적으로 이해를 시켰는가를 확인하는 데 있다. 즉, 학생이 아닌 교사의 수업준비, 수업내용, 지도방법, 학생의 이해도 등을 시험을 통해 평가해서, 다음에 교사가 이를 개선하도록 하는 도구가 시험이다.

핀란드의 학제는 유치원 1년의 예비교육과정, 우리의 초등과 중학교 교육과정이 결합된 9년의 초등교육과정 또는 종합교육과정이 있다. 고등학교는 3년 과정으로, 일반계고와 직업계고의 비율이 거의 비슷하다.

OECD 기준 핀란드의 대학 진학률은, 일반계 대학 진학률은 약 35%, 직업계 대학의 진학률은 약 35%, 둘을 합쳐도 약 70% 내외라고 한다. 핀란드의 일반계 대학 진학률 약 35%, 우리나라의 대학 진학률이 약 80%대이니, 핀란드는 고등학교를 졸업해서, 우리나라와 같이 대부분 대학을 진학한다는 것과는 크게 다르다.

일반대학에 가는 비율이 고등학교 졸업생의 약 35%밖에 안 된다는 것이고, 직업대학을 가는 비율이 약 35%, 나머지 30% 이상은 대학을 진학하지 않고 바로 사회로 나가는 수준이다.

이것이 두 번째 주안점이다.

핀란드의 국토와 학교 학생 정원

● 핀란드 겨울 풍경 모습
사진: https://pixabay.com/ko/photos

핀란드의 국토 면적은 약 34만km², 인구는 약 550만 명이다. 그에 비해서 한국은 약 10만km² 면적에, 인구는 약 5,500만 명이다. 면적은 우리나라와 비교해서, 핀란드가 3배, 인구는 1/10 정도이다. 인구 밀도는 km²당 핀란드는 약 16명, 우리나라는 약 590명이다. 사방으로 1km를 가면 핀란드는 16명 정도만 살고 있다. 우리나라의 인구 밀도를, 도심지역만의 평균을 보면 무려 1km² 안에 약 1,960명이 살고 있다고 한다. 인구 밀도에서 보면 우리나라가 이렇게 빽빽하게 살아가고 있다.

두 나라의 국토 면적은 우리나라가 훨씬 더 작다. 그러니 학교에 부여되는 교지면적도 작을 수밖에 없다. 반면에 그 교지에 들어가는 학생 수는 훨씬 많다. 핀란드는 학급당 정원이 초등학교는 약 20명, 중·고등학교는 약 15명 이상 수준을 유지한다. 우리나라 초등학교는 일부 과밀지역의 특수한 상황에 따라 차이가 있지만, 평균 25명 규모, 중·고등학교는 33명 규모를 유지한다. 핀란드는 학교별 총정원, 학교의 규모를 약 250명 수준을 유지한다. 우리나라는 24학급 정도의 학교를 설립할 때, 초등학교는 약 600명, 중·고등학교는 약 800명 정도의 규모가 된다. 학교를 신설할 때, 보통 핀란드는 약 250명 정도의 규모를, 우리나라는 약 600~800명 정도 규모의 학교를 계획한다는 것이다.

그리고 이것이 세 번째 주안점이다.

왜 우리나라의 학교는
핀란드의 학교와 다른가?

● 핀란드 호숫가의 목가적 풍경 모습
사진: https://pixabay.com/ko/photos/

　왜 우리나라는 학교가 대부분 4층이고, 5층인가? 왜 북유럽처럼, 핀란드처럼 1층이나 2층의 학교는 짓지 못하는 건가? 왜 전원 속에 위치한 목가적인 풍경의 학교는 없는 건가? 라는 말을 듣는다.

　우리도 농산어촌이나 자연녹지지역에 낮은 층수, 넓은 부지와 풍부한 녹지를 갖춘, 핀란드나 북유럽에 결코 뒤지지 않는 학교들이 많다. 이런 학교들은 우리 눈에는 잘 보이지 않는다. 일단 우리 주변에서 멀리 떨어진 곳에 있기 때문이다. 그런데 혹시 TV와 각종 영상에서 보이는 우리와 다른 풍경이 근사해 보여서, 우리의 풍경은 아닌 것 같다라고 생각하면 더 할 말이 없다.

핀란드와 다른 우리 현실은
왜 외면하는가?

아쉽게도, 우리나라 도시지역의 학교들은 교지면적과 학생 수 규모의 물리적인 조건과 환경 때문에, 여기에 경제성과 공사비의 문제가 부가되면서 학교는 높게 올라갈 수밖에 없고, 공용공간과 휴게편의공간이 적은 컴팩트한 학교가 나타나게 된다. 주어진 작은 교지면적 안에, 교사동, 강당동, 운동장, 체육시설, 주차장 등을 다 채워 넣으려니 학교 전체에 여유공간이 적어진다. 그러니 정원, 녹지, 조경, 생태학습, 텃밭 및 생육 체험공간 등의 자연녹지환경은 그다지 눈에 띄지 않는다. 전원적인 풍경은 기대하기 어렵다.

한편으로는 부족하지만, 우리는 이러한 학교건축과 공간을 우리 실정에 맞추어 단계적으로 개선시켜 왔다. 갑자기 우리 학교건축과 공간은 문제 많고 형편없는 곳이고, 북유럽과 핀란드의 학교건축과 공간은 이상적인 곳이니, 빨리 그렇게 바꿔야 한다고 방송에 나와 경쟁하듯이 목소리를 키운다.

그런데 핀란드의 교육철학의 근간인 즐거움과 행복 추구가, 다른 무엇보다 우선하고 이에 필요한 학교건축과 독특한 공간의 특징이 자연적으로 오랜 기간 동안 녹여져 나타나 온 것처럼, 연간 교육과정의 충실한 이수를 위한 균질한 단위 학급공간, 성적을 위한 공통된 조건의 시험 응시공간, 높은 대학 진학률 등을 요구하는 교육적 풍토를 따라가야 하는 우리나라의 학교건축과 공간과 정말로 비슷할 수 있을까?

교도소의 공사비가 학교의 공사비보다 훨씬 비싸다는 단정적인 비교를 할 수 없다고 이야기한 것처럼, 왜 우리나라의 학교건축은 핀란드의 학교건축과 같지 않은가라는 단정적인 비교를 역시 할 수 없는 것이다. 그래도, 우리나라의 많은 학교건축과 공간이 부족하다라는 점을 인정하라고 하면, 당연히 그렇다. 그러나 핀란드와 다른 우리 현실은 외면하면서 다름만을 부각하는 주장에 대해서는 전혀 동의할 수 없다.

북유럽과 핀란드의 학교건축을 우리가 무조건 좋다고 따라야 할까? 왜 다녀온 많은 사람들이 우리나라의 교육에, 학교현장에, 학교건축에 무엇을 어떻게 반영할까요 하면, 선뜻 말을 못 했던 이유는 무엇 때문이었을까?
혹시 핀란드 옷이 좋은 것은 알았지만, 우리나라 사람에게 맞지 않은 것을 이미 알았기 때문은 아니었을까?

분명한 것은 핀란드의 교육철학, 학교건축, 학교공간을 우리 교육에, 우리 학교에 가져다 그대로 적용할 수는 없다. 좋은 점과 차이점을 분명히 제대로 이해하고 제대로 비교해서 우리한테 맞는 옷으로 바꾸어서 입어야 하는 것은 누구나 다 알고 있다.

학교의
변화와 혁신

공간혁신의 본질

그린스마트 미래학교사업은 크게 4가지 분야로 이루어진다. 공간혁신, 제로에너지 그린학교, ICT 기반 스마트교실, 학교시설 복합화이다. 공간혁신을 제외한 세 분야는 이미 오래전부터 교육부에서 추진해 온 사업들이다. 들여다보면, COVID-19라는 미증유의 팬데믹으로 극심하게 침체된 경기를 살리기 위해 한국판 뉴딜이라는 기치 아래 엄청난 예산의 사업을 추진하는 것을 보여 주어야 하는 피치 못할 사정에 의해 이 사업, 저 사업을 한데 모아 만들었을 것이다. 다시 말해 새로운 것이 아니라는 것이다. 새로운 혁신이 아니라는 것이다.

그러나 세 분야는 우리나라의 미래를 대비하기 위한 학교건축의 변화를 위해 꼭 진행되어야 한다. 그런데 나는 공간혁신의 본질에 대한 수많은 궁금점이 생긴다. 이 혁신이 진정 학생, 학교, 교육의 변화를 위해 시작되었나? 대대적인 경기부양을 위해 시작되었나? 무엇이 혁신의 대상인가? 모두 다인가? 똑같이 혁신해야 하는가? 학교마다, 지역마다의 차별성은 없나?

도서실을 현대적으로 개선해야 한다는 것, 학생들의 생활 교류를 위한 공간을 개선하는 것에 동의한다. 그러나 교실 한두 칸, 복도 한 공간, 놀이터가 그 대상이 아니다. 가능하다면 학생 전체가 그 개혁을 경험할 수 있도록, 학교 전체가, 아니면 건물 한 동이, 아니면 최소한 학년이 사용하는 공간 전체가 대상이 되어야 한다. 시간이 걸려도 그렇게 해야 한다. 구조적으로 위험한 건물은 개축이 필요하니, 그 건물을 대상으로 종합적으로 개혁하는 것도 가능하다.

　또한 공모를 받아 일부의 학교를 개선하는 방식이 맞는 것인가? 이 개혁은 선택받은 학교에만 적용되는 것인가? 아니면 우리나라 모든 학교, 모든 학생들을 위한 것인가?

　필요하다면 혁신해야 한다. 그러나 다 똑같이 따라 하지 말아야 한다. 왜냐하면 그건 나중에 또 다른 혁신의 대상이 되기 때문이다. 알록달록한 컬러의 인테리어 개선이 아니고, 놀이터를 만드는 것이 개선이 아니고, 기존 노후시설, 노후공간의 단순 보수가 아니고 꼭 필요한 혁신을 해야 한다.

핀란드 초등학교의 복도는
우리나라 학교의 복도와 같다?

● 니멘란타(Niemenranta) 초등학교, 핀란드
사진: https://www.alt-architects.com/0008-nrt.html

● 서울 ○○초등학교의 복도 리모델링 모습

보통 추운 지역에 살면서 늘 보는 차가운 모습과 드넓은 자연환경
과 숲속에서 일상을 보내는 것이 핀란드 사람들이다. 우리나라 사람

들은 환상적이라고 열광하는 그러한 모습을 그들은 너무나도 일상적으로 느끼니, 감흥의 정도는 다를 수밖에 없다. 그러한 특징은 그 주변환경의 일상을 그대로 비슷하게 받아들여 목재와 자연환경의 따뜻한 색감으로 심리적으로 보완해 인테리어에 반영하거나, 반대로 다른 모습으로 대치하는 아주 심플하고 미니멀하면서 밝은 분위기의 모습으로 대체하고자 하는 핀란드만의 차별성으로 나타난다. 우리는 이미 지역의 목재를 많이 사용하는 일본 초등학교, 대나무와 같은 지역의 재료를 사용하는 인도네시아 학교, 우기와 잦은 폭우로 높은 곳에 필로티로 들어 올린 태국 학교들의 차별성도 본 적이 있다.

그러한 심플하고 미니멀하면서 밝은 분위기의 모습으로 대체하고자 하는 차별성은 학교의 인테리어에서도 나타나며, 위 사진 핀란드 니멘란타 초등학교의 복도에서도 보여진다. 이 학교는 우리나라에서 연수를 다녀온 사람들이 방문하는 학교 중에 하나이고, 학교를 설계한 alt ARCHITECTS Ltd. 사무소의 홈페이지에도 이 사진을 소개하고 있다.

그런데, 아래의 사진은 서울의 ○○초등학교의 복도의 사진이다. 학생들이 좋아하는 따뜻한 색감과 다채로운 컬러를 사용하는 것이 무슨 문제이겠느냐마는, 위의 사진과 아래의 사진이 너무나도 비슷해 보이는 것은 나만의 생각일까? 그런데, 이러한 복도 인테리어는 전국의 초등학교 복도에 그대로 카피되어진다.

공간혁신은 블루오션?

　누군가가 핀란드의 초등학교에 다녀온 경험이나 아니면 인터넷의 정보를 통해서, 아마도 참고해서 복도 인테리어에 참고했을 것 같다. 그리고, 다른 건축가의, 또는 학교 관계자, 교육청 담당자의 눈에, 이 2차적 창조적인 작업의 처음 그 시도가 그럴싸해 보였던가 보다. 그렇게 퍼졌으리라 유추해 본다. 그런데, 참 빨리도 퍼져 나갔다.

　아마도 명칭은 조금씩 다르지만 '꿈을 담는 교실' 등이라는 명칭의 시·도교육청의 시설환경개선사업이 시발점이 되었을 것이고, 그 이후에 '학교공간혁신'이라는 대대적인 사업이 불을 지폈다고 생각한다.

　학교에는 그린스마트 미래학교사업 안에 '공간혁신'이라는 거대한 사업(?)이 한창 벌어지고 있다.

　그 배경과 취지에 충분히 공감하지 않는 사람이 누가 있겠는가? 하지만 그 방식은 과연 바람직한 것인가? '사업'이라는 장·단점이 극명한 한국만의 특징적인 정부주도 추진방식은, 목표, 기간, 사업비를 정해 놓고, 언제까지 목표만큼의 실적을 만들어 내야 하는 것이다 보니, 긍정적인 결과와 그렇지 못한 결과가 분명히 함께 나타난다.

이러한 사업들은 기간과 사업비에 더해, 반드시 이를 추진할 전문적인 인력이 필요하다. 그런데, 앞서 말한 대로 그동안 학교에는 별로 관심 없던 사람들이, 갑자기 어디서부터 나왔는지, 1~2일간의 워크숍을 이수하고 나서는, 모두 전문가가 되어서, 학교에 등장하고 있다. 한편으로는, 이유야 어쨌든, 일단 지금이라도 너도나도 관심을 가지고, 학교에 오고 있으니 반갑다고 하고 싶다.

그런데, 교육과정과 교육정책에 대한 공부와 학교현장에 대한 경험 자체가 전혀 없었으니, 교장, 교사들과 제대로 된 대화가 이루어지지 않고, 심지어는 무시당하는 경우도 속출한다. 사용자참여에 의한 학생 의견 수렴은, 신기하게도 누군가 이미 만들어 놓은 듯한 정답이 있는 것처럼, 다 맞추어진 결론으로 도출된다. 그리고 제 할 일을 다 했다고 하는 건축가들의 뒤통수에 향하는 따가운 눈초리에 겸연쩍어서, 그다음부터는 자의든 타의든 이 사업에서 빠져나가는 사람들이 꽤 많다.

학교가 건축계에서 마치 끝없이 돈거리가 샘솟는 블루오션이라도 된 것일까? 모든 사업이라는 것은 유효기간이 있어서, 그 사업이 끝나고, 돈 되는 일이 사라지면, 언제나 그랬던 것처럼 한순간에 다 빠져나가지는 않았으면, 아니면 더 돈이 되는 다른 사업으로 우르르

몰려가지는 않았으면 좋겠다.

비록 이 큰바람이 불어 없어져도, 그렇게라도 학교가 우리 건축계에서 가장 중요한 한 분야가 되고 있다는 사실은 너무도 환영하는 일이다. 다만, 교육과정이나 제도의 변화를 담아내는 근본적인 개혁이 아닌, 단순 노후시설개선에 머물고 있다면, 이 방식은 결코 지속될 수 없음을 모두 다 이해하리라 믿는다. 학교를 알록달록한 인테리어와 온통 놀이터로 바꾸는 것이 공간혁신이라고 믿는 사람들도 있겠지만, 이 '사업'의 배경과 취지를 담아내지 못하는 우는 범하지 않기를 진심으로 바란다.

놀이의 개념 재정립과
큰 '그릇' 바꾸기

● 동탄 중앙초등학교 이음터의 도서실 복합화를 통한 학교 바꾸기
사진: ㈜디엔비건축사사무소, CFSA REVIEW AUTUMN NO.02, p.36

학생들이 즐겁게 놀 수 있는 '놀이' 환경을 만드는 것을 부정하는 것이 아니다. 나 스스로 학교는 친구들과 선생님과 만나 즐겁게 놀고, 교류하고 생활하는 곳이라고 앞서 강조했다.

그런데, 술래잡기하고, 실내 놀이기구 타고, 동굴탐험 하는 것만 놀이가 아니다. 학교 내에서의 '놀이'의 개념을 다시 정립해야 한다. 음악도, 미술도, 독서도, 게임도, 운동도, 대화도, 휴식도 모두 학교 내에서의 즐거운 '놀이'이다. 그런데, 그런 공간을 마치 경쟁하듯이 빈 교실에, 교실 뒤편에, 복도에 만들어 나가고 있는 그런 변화는 멈추어야 한다. 제발 누군가가 시작한, 학교를 '실내놀이터'로 만드는 행동에 동참하지 말자.

건축가가 개입하지 않더라도, 학생, 행태, 교수학습, 교육과정, 미래 변화에 학생과 교사 스스로 어려움 없이, 필요할 때마다 유연하게 대처할 수 있는, 이전과 다른 형태의 학교로 개혁되어야 한다. 이것이 공간혁신의 본질이다.

다시 쉽게 말해, '학교'라는 큰 '그릇'을 바꾸는 것이 필요한 것이다. 사용자가 언제든지 물건을 바꿔 담을 수 있게.

그릇을 바꾸는 데
꼭 필요한 지원

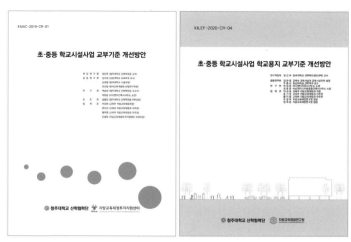

● 2019 초·중등 학교시설사업 교부기준 개선방안,
2020 초·중등 학교시설사업 학교용지 교부기준 개선방안 교육부 정책연구

학교 전체 또는 학생 전원이 동시에 인지할 수 있는 변화를 모색해야 한다고 강조했다. 그러면 이렇게 학교 자체가 개혁되려면 지금보다 훨씬 큰 공간이, 훨씬 더 많은 건축비 예산이 필요한 것은 당연하다.

2019년 교육부 지방교육재정과 산하 지방교육재정연구원의 지원하에 학령인구 감소 등 사회구조 변화 및 교육환경 변화에 적극 대응할 수 있도록, 시·도교육청 기준(50% 이상 확보하고 있는 시설), 교육정책, 교육과정, 제도변화에 의한 요구시설, 사용자 요구시설 등을 종합 분석하여, '초·중등 학교시설사업 교부기준 개선방안'에 대한 정책연구를 진행하였다. 이 연구 결과는 그대로 정책에 반영되어 2020년 8월부터 학교급별로 면적은 약 600㎡, 교실 10실 규모가 대폭 증가하였고, 공사비는 ㎡당 2,020천 원으로 기존 대비 12.22% 수준으로 대폭 증가하였다.

또한 후속 연구로 2020년 교육부 지방교육재정과 산하 지방교육재정연구원의 지원하에 시·도교육청의 학교용지 산출기준, 2015~2020년 재정사업으로 집행한 신설학교 현황, 온라인 설문조사 및 담당자 협의회 등을 통하여 '초·중등 학교시설사업 학교용지 교부기준 개선방안' 정책연구를 진행하였다. 이를 통해 교지면적기준은 교사용대지면적(교사기준면적+주차장+보차도+조경)+체육장면적을 종합반영 하는 것으로 채택해, 약 20%의 면적이 증가되어 2021년 상반기부터 신설학교현장에 적용되었다.

실제적으로 학교를 설계하는 데 부족한 면적과 공사 시 부족했던 공사비를 현실화시켰고, 이제 학교를 혁신시킬 어떤 공간을 어떻게 넣는 것은 건축가의 몫이 되도록 하였다. 이것이 내가 접근한 공간혁신의 방식이었다.

표. 초·중·고등학교별(36학급) 대안별 면적기준(안) 시설의 종류

영역	실 명	기준실	초등학교			중학교			고등학교			비 고
			A안	B안	C안	A안	B안	C안	A안	B안	C안	
교수학습공간	일반교실	○	○	○	○							
	교과교실	○	○	○	○	○	○	○	○	○	○	
	특별교실 (초등에 한함)	○	○	○	○							
	공용교실 (중등에 한함)	○				○	○	○	○	○	○	– 고교학점제 등 교육과정 대응 – 필요 시 선택교과교실로 활용
	선택교실 (고등에 한함)									●	●	– 고교학점제 등 교육과정에 대응
	학년/교과 교사연구실	○	○	○	○	○	○	○	○	○	○	
	개인연습실(음악)							●			●	– 교육과정 변화
	퍼포먼스룸 (체육교실)			●	◎		●	●		●	●	– 교육정책, 기후변화, 사용자요구 대응
지원공간	컴퓨터실	○	○	○	○	○	○	○	○	○	○	
	메이커룸			●	●		●	●				– 미래교육환경 대응
	시청각실	○	○	○	○	○	○	○	○	○	○	
	도서실	○	○	○	◎	○	○	◎	○	○	◎	– 도서실 1인당 면적 변경: 1.2 → 1.35
	홈베이스 (중등에 한함)	○				○	○	◎	○	○	◎	– 홈베이스 1인당 면적 변경: 0.7 → 0.8 – 고교학점제 등 교육과정대응
	교사휴게실	○	○	○	○	○	○	○	○	○	○	
	교사탈의/샤워실	○	○	○	○	○	○	○	○	○	○	
	학생자치회실				●	●	●	●	●	●	●	– 교육정책변화, 사용자요구 대응
	학생탈의실		●	●	●	●	●	●	●	●	●	– 교육정책변화
	학생휴게실							●			●	– 교육정책변화, 사용자요구 대응 – 중/고 홈베이스 활용가능
	돌봄교실 (초등에 한함)			●	●	●						– 확보율 및 교육정책변화에 대응
	돌봄교실 부속실				●							– 교육정책변화에 대응
	동아리실	○	○	○	○	○	○	◎	○	○	◎	– 교육과정 및 교육정책에 대응
	실내체육관	○	○	○	○	○	○	○	○	○	○	
	식당	○	○	○	○	○	○	○	○	○	○	
	주방(부속실 포함)	○	○	○	○	○	○	○	○	○	○	

관리행정공간	교장실	○	○	◎	○	○	◎	○	○	◎	○	
	회의실	○	○	◎	○	○	◎	○	○	◎	○	
	교무센터	○	○	◎	○	○	◎	○	○	◎	○	
	전산(성적처리)실	○	○	◎	○	○	◎	○	○	◎	○	
	방송실	○	○	◎	○	○	◎	○	○	◎	○	
	행정실	○	○	◎	○	○	◎	○	○	◎	○	
	인쇄실	○	○	◎	○	○	◎	○	○	◎	○	
	문서보관실	○	○	◎	○	○	◎	○	○	◎	○	
	상담실	○	○	◎	○	○	◎	○	○	◎	○	
	생활지도실	○	○	◎	○	○	◎	○	○	◎	○	
	보건실	○	○	◎	○	○	◎	○	○	◎	○	
	보건(안전)교실			●	●							– 교육과정 및 교육정책 변화
	WEE CLASS				●		●	●		●	●	– 확보율 및 교육정책변화에 대응
	창고	○	○	◎	○	○	◎	○	○	◎	○	
	관리실	○	○	◎	○	○	◎	○	○	◎	○	
공용공간	현관, 복도, 계단, 화장실, 기전실 등	○	○ (연면적 40%)			○ (연면적 40%)			○ (연면적 40%)			

○: 기본 ◎: 기존실의 면적증가 ●: 신설

(EMAC-2019-CR-01, 정진주, 초·중등 학교시설사업 교부기준 개선방안, p.219, 2019)

표. 학교급별 교부기준 산정조건과 학교용지(교지) 제안면적 비교(단위:㎡)

구분			유치원 (12학급)	초등학교 (36학급)	중학교 (36학급)	고등학교 (36학급)	비 고
교부 기준	'20 교부기준 학생 수		360	1,188	1,188	1,188	학급당 학생 수: 유치원 30명
	'20 교부기준 교지면적(a)		6,408	11,883	13,751	15,457	
	'20 교부기준 건축연면적(A)		3,772	11,868	12,673	14,332	
'21 기준 산정 조건	기준 층수		3	4	4	4	
	교사용 대지면적(가)	교사기준면적(B)	1,257	3,317	3,518	4,033	=(A-G×2)/4+G
		법정주차대수	19	59	63	72	시설면적 200㎡당 1대
		주차장면적(C)	486	1,509	1,612	1,842	=주차×120%×21.32㎡
		보차도면적(D)	1,215	3,774	4,029	4,605	=C×250%
		조경면적(E)	860	2,844	3,284	3,664	=대지면적의 20%
		소계(B+C+D+E)	3,818	11,444	12,443	14,144	
	체육장 면적	법정 체육장(F)	480	4,176	5,376	5,976	운영규정 [별표2]
		실내체육시설(G)	–	700	700	900	
		적용 체육장(나)	480	2,776	3,976	4,176	=F-2×G
1안)	'20 교부기준 연면적반영	교지면적(b)	2,994	12,088	13,825	15,531	=A/용적률150%+C
		증감률	-53.27%	1.73%	0.54%	0.48%	(a)대비 증감률
2안)	용적률 변경에 따른 면적반영	교지 면적 (c) 용적률 140%	3,174	12,653	14,428	16,213	=A/용적률140%+C
		증감률	-50.47%	6.48%	4.92%	4.89%	(a)대비 증감비율
		용적률 130%	3,381	13,305	15,124	17,001	=A/용적률130%+C
		증감률	-47.23%	11.97%	9.99%	9.99%	(a)대비 증감률
		용적률 120%	3,623	14,066	15,937	17,920	=A/용적률120%+C
		증감률	-43.46%	18.37%	15.90%	15.93%	(a)대비 증감률
3안)	교사용대지면적(교사기준면적+주차장+보차도+조경)+체육장면적 종합반영	교지면적(d)	4,298	14,220	16,419	18,320	=가+나
		증감률	-32.92%	19.67%	19.41%	18.52%	(a)대비 증감률
4안)	3안) 종합반영+체육장 완화 규정 미적용	교지면적(e)	4,298	15,620	17,819	20,120	=가+F
		증감률	-32.92%	31.45%	29.59%	30.17%	(a)대비 증감률

(KILEF-2020-CR-04, 정진주, 초·중등 학교시설사업 학교용지 교부기준 개선방안, p.166, 2020)

모듈러 교사

● 운동장에 설치된 ○○초등학교의 모듈러 교사
사진: https://cafe.daum.net/exed/OSYV/114

학령인구 감소로 전국적으로 많은 학교가 폐교되는 반면, 일부 대도시와 신도시의 학교에서 과밀학급이 운영되고 있다. 교육부는 교육여건 개선방안으로 과밀학급 해소에 있어 모듈러 교사(임대형 이동식 학교건물)을 적극 활용하겠다고 교육회복 종합방안 기본계획(2021년 7월)을 통해 발표했다.

그러나 모듈러 교사가 내진이나 화재 등 안전에 취약하고, 소음과 진동이 심하고, 유해 물질에 노출될 우려가 있는 '컨테이너 교실'로 인식해 모듈러 교사 설치에 반발하는 학부모들이 있다. 이 반발이 꼭 타당한 것은 아니지만, 정책 시행 전 모듈러 교사의 명확한 정의, 설치기준을 제시 또는 개정하지 않거나 학교 및 학부모를 상대로 한 충분한 이해를 구하는 과정 없이 속도전으로 밀어붙여 야기된 측면이 크다. 아마도 모듈러 교사를 조달청 혁신 과제로 선정함으로써 과밀학급뿐만 아니라 교육부에서 추진 중인 그린스마트 미래학교사업 추진 기반으로 활용하고자 한다는 교육부의 발표에서 시간이 절대적으로 촉박했음을 알 수 있으리라.

현재 법적으로 모듈러 교실은 가설건축물로 건축법상의 건축 허가나 건축물 관리대장 등재가 필요 없으며, 소방시설법상 정해진 소방시설을 갖춰야 할 특정소방대상물에 포함되지 않는다. 그렇다면, 학부모의 입장에서는 당연히 기존 학교 교사동보다 안전에 취약할 것이라는 걱정과 예상을 하기에 충분하다.

모듈러 교사는 설치기간이 매우 짧아, 학생들의 수업결손 최소화 및 교육여건 개선 대응에 유리한 장점이 있다. 또한 최초 설치 및 이동, 철거가 용이해, 수요발생 시 꼭 신설학교를 설립하지 않고 학생수의 증가와 감소 변화에 유연하게 대처할 수 있는 장점도 분명하다. 그러나 교육부와 교육청에서 모듈러 교사를 추진하기 위해서는 최소한으로 먼저 해결해야 하는 조건들이 있다.

첫째, 모듈러 교사를 영구건물에 준하는 용도와 임시건물 용도의,

두 대상에 대한 법적 기준 및 안전기준을 별도로 제정 또는 개정해 제시해야 한다. 애초에 모듈러 교사를 임대형 이동식 학교건물이라고 정의를 내린 탓에 현장에서는 오랫동안 사용할 수 없는 건물이라는 선입견을 갖게 만들었기 때문이다.

둘째, 임시건물로 사용하려면 인근에 다른 학교가 설립되기 전까지 또는 학령인구가 수년 이내에 급감하기 때문에 그 기간까지만 사용하겠다는 조건부 사용 이유와 기한을 명확히 결정하고 제시해야 하고 기간 종료 후에는 철거해야 한다.

셋째, 임시건물로 사용할 때는 학생들이 상주하는 일반교실이 아닌 실습교실 또는 기타 공용 및 지원시설로 사용해야 한다. 다른 아이들은 상대적으로 안전하다고 믿는 일반건물에서 생활하는데, 내 아이는 모듈러 교실에서 생활하는 것을 심각하게 받아들이지 못하기 때문이다.

넷째, 거의 독점을 하다시피 하는 조달청 등록 모듈러 교사의 설치비와 임대비를 현저히 낮추어야 한다. 앞선 조건을 만족했다 하더라도 일반학교건물의 총공사비와 비교해 지나치게 높은 비율로 책정되어 있는 임시용 모듈러 교사의 설치비와 임대비는 공감을 얻기에 너무나도 부족하다.

문제가 발생했을 때 빠르게 대처하는 것은 좋은 자세이지만 시간이 걸린다고 손쉬운 방법만 찾는 것은 정말 조심해야 할 일이다. 자신의 입장만 주장하는 일부 학생, 학부모들의 반발이라고 폄하하는 사람들이 있다. 그러나 그 일부도 우리 아이들이고, 학생이다. 적은 수의 누구에게라도 불편을, 피해를 강요해서는 안 되고 끝까지 이해시켜야 한다.

특수학교와 우리 사회

● 특수학교 설립을 위해 무릎 꿇은 학부모들 영상 캡처
사진: https://www.ytn.co.kr/_ln/0103_201905070031107342

한방병원을 세우기 위해, 학교부지에 특수학교 설립을 반대하는 지역주민들에게 장애인 학생의 학부모들이 무릎을 꿇은 채 호소하는 사진은 특수학교를 바라보는 우리 사회의 불편한 민낯과 지역이기주의의 단면을 보여 준다.

우리 주변의 장애인은 대부분 선천적 장애인이 아닌 사고나 질

병 등으로 인해 장애가 생긴 후천적 장애인이다. 다시 말해 누구라도 장애인이 될 수 있는 것이다. 장애인은 나쁜 존재도, 불쌍한 존재도 아니고, 그리고 언제나 도움을 받아야 하는 차별적인 존재도 아니다. 단순히 우리 주변의 누구나이고, 스스로의 힘으로 사회에서 자연스럽게 살아가는, 엄연한 우리 사회의 일원이다. 그러나 그들의 수가 적다고 그들이 당연히 누리고 받아야 할 권리가 후순위로 밀려서는 안 된다. 그 장애인 아이들을 위한 특수학교를 설립하는 것이 그래서 어려운 일이어서는 안 되는 것이다.

학교부지에 학교를 지어야 하는 것은 법에 엄격히 규정하고 있고, 반드시 지켜져야 한다. 국회의원의 공약과 지역주민들이 선호하는 시설을 건립한다고 법을 무시한 채 반대한다는 것은 결코 있을 수 없는 일이다. 그러나 결국 인근 특수학교를 증축하는 것으로 결론이 나고, 그 특수학교는 최근 완공되었다. 학교부지에는 특수학교를 짓고, 인근에 한방병원 대체부지를 찾았어야 했다. 그것이 불가능했다면, 차선책으로 저층부에 특수학교, 상층부에는 한방병원을 함께 짓는 복합화 특수학교를 추진했어야 옳다. 서울시교육청, 서울시, 교육부가 방관하지 않고 함께 풀어 가려고 고민했다면 가능했을 일이다.

한편, 교육부는 장애 학생들이 차별받거나 소외되지 않고 재능을 펼칠 수 있도록 국립대학 내에 특화된 교육과정을 운영하는 직업 교육분야(공주대 부설), 예술분야(부산대 부설), 체육분야(한국교원대 부설) 국립대학 부설 특수학교 설립을 진행하고 있다. 너무도 잘하는 일이라는 것을 칭찬해 주고 싶고, 더욱 확대해 나가기를 바란다.

학교건축학자로서 특수학교 계획을 위해 최소한 다음의 2가지가 필요함을 강조하고 싶다.

첫째, 필자의 정책연구를 통해 2019년 교육부는 학교시설 교부기준 현실화 및 상향 설정을 위해 유·초·중·고등학교별 면적기준을 새롭게 구체화시키고, 2020년부터 현장에 반영되고 있다. 이후 교육부는 이와는 별도로 특수학교의 면적기준에 대한 검토도 추진했지만 어떤 이유에서인지 정책에는 반영되지 못했다. 특수학교는 일반학교와 달리 장애 학생이 생활하고 학습하는 공간이기 때문에, 필요한 교실 및 시설의 종류와 개수, 공간 규모, 면적기준이 장애 유형이나 장애 정도에 따른 교부기준으로 별도로 마련되어야 하며, 최고 수준의 무장애계획(BF)과 안전대책이 교부기준에 명시되어야 한다. 현재 일반학교 기준 1.5배로 책정해 교부하는 관례적인 교부기준은 한시라도 빨리 개선되어야 하고 구체적 근거가 제시된 특수학교시설 교부기준을 별도로 정립해야 한다.

둘째, 장애 학생이 특수학교를 졸업해 사회의 일원으로 생활해 나가는 것은 자연스러워야 할 일이다. 그러나 아쉽게도 장애의 정도가 높은 학생은 특수학교를 졸업해도 사회로의 진출이 어렵거나 불가능하다. 하물며 이들은 나이로 인해 학교에 남아 생활하는 것도 불가능하니 결국 다시 집으로 돌아가 부모의 보호하에만 놓이게 된다. 그러나 그들은 생활을 혼자서도 영위할 수 있는 상태가 되도록 반복적인 훈련을 받지 않으면, 추후 보호자로부터 독립해 사회에서 혼자의 삶을 영위할 수 없다. 따라서, 모든 특수학교에는 학습과 재능을 키우는 시설도 중요하지만, 타인의 도움 없이 혼자서 집에서 생활하는 것이 몸에 배일 수 있도록, 필요한 훈련을 반복적으로 받을 수 있는 '생활공간 훈련실' 설치가 반드시 필요하다.

교육시설안전 인증제의 시작

교육부는 모든 학교의 종합적인 교육시설안전 확보를 위하여 교육시설 전반에 대한 안전을 위해 교육시설안전 인증제를 도입했다.

이는 교육시설 등의 안전 및 유지관리 등에 관한 법률 제11조 및 동법 시행령 제13조, 제14조와 교육시설안전 인증 운영 규정(교육부고시 제2021-16호)에 의해 2021년 5월 13일부터 시행되었다. 인증 부여를 위해 법령 등에 근거한 안전기준 충족 여부 등을 검증하고 학교생활 중 발생하는 안전사고예방을 위한 실내 및 실외 환경의 안전성을 심사한다. 학생 안전과 직결되는 석면, 지진, 미세먼지와 학교생활 중에 발생할 수 있는 충돌이나 미끄러짐 등의 사고예방 시설과 운동장 및 통학로 안전성 확보 여부 등을 종합적으로 심사한다.

신설학교는 사용승인 후 2년 이내 인증을 득하고, 기존 모든 학교는 연차별 추진계획 따라 2025년 12월까지 취득해야 한다. 인증의 유효기간은 최우수등급은 10년, 우수등급은 5년으로 유효기간 도래 전에 주기로 인증을 취득하여야 하고, 최소 5년 주기로 취득하도록 하여 학교시설의 취약요소를 확인하고 개선방안을 제시하게 되어 학교에서는 안전인식을 높일 수 있을 뿐 아니라 재해발생 시 위급상황에도 대응이 가능하도록 하였다.

정책적으로는 학교 안전강화, 노후시설개선, 사회적으로는 사용자 안전인식 향상, 경제적으로는 안전 취약부분에 대해 효율적인 시설투자가 가능하게 될 것이고, 실제 학교 내에서는 해당 학교의 안전수준을 확인하고 개선이 필요한 취약부분을 개선하고 지속적인 유지관리를 통해 학생들에게 안전하고 쾌적한 교육환경을 제공하는 것이 가능해질 것이다(교육부 홍보자료 발췌 정리).

그러나 교육시설안전 인증제는 학교사용자 안전대책의 실제적 확보는 물론, 학생들이 오랜 시간 생활하는 학교 내에서의 안전은 다른 어떤 것보다 우선해 필수적으로 대비해야 한다는 기본 인식을 획기적으로 바꾸는, 그래서 공간혁신과는 질적으로 다른 우리나라 학교건축 역사상 새로운 이정표가 될 것이다.

패러다임(Paradigm)과
학제의 변화

패러다임(Paradigm)의 의미

Paradigm

[어원] 그리스어: para(옆에, 앞에)+deiknynai(보여 주다): 보여지는 것

이제는 사회의 변화와 학교의 변화에 대한 또 다른 관점을 이야기해 보자.

우리는 종종 변화라는 단어를 사용할 때, 패러다임(Paradigm)이 빠르게 변화하고 있다는 말을 자주 듣는다. 일상생활 속에서도 패러다임이 바뀌고 있다, 패러다임이 급격히 전환하고 있다는 말을 그냥 사용한다. 그런데 그 누구도 그 패러다임이라는 단어를 번역하지 않는다. 다 이해하고 알아듣는다. 그런데 정말로, 이 단어를 다 이해하고 있을까? 아니면, 패러다임(Paradigm)이란 영어 단어의 뜻이 무엇일까?

패러다임(Paradigm)의 사전적 어원은, "어떤 시대 또는 분야에서의 특징적인 사고방식·인식의 틀, 그래서 많은 사람이 표현과 사고의 모델로 삼는 그 무엇"이라고 한다. 쉽게 해석을 하면, 대부분의 사람이 좇아가는, 그래서 보편적으로 따르는 그 무엇이라는 것 같다. 여전히 어려운 뜻이다.

이 단어의 그리이스의 어원은 이 어려운 표현을 더 쉽게 해석해 주고 있다. 바로 '나의 앞에, 옆에 보여지는 것'이라는 뜻이다. 그것은 내가 원하지 않아도 보여지는 것이어서, 보아야만 하고, 따라야만 한다는 의미이다. 내가 보려는 게 아니다. 옆에, 앞에 보여지는 것이다. 내가 원하든, 원하지 않든, 옆을 보니까 있고, 앞을 보니까 있고, 내 눈앞에 그대로 보여지는 것이다. 그리고 시간이 지나면 내 눈앞에는, 옆에는 또 새로운 것이 나타나 보여진다. 계속해서 나타난다. 변화된 것이 나타난다. 원하든, 원하지 않았든 변화가 내 눈앞에 있는 것이다. 그래서 패러다임은 그 단어의 의미 내에 변화의 불가피성을 동반하고 있다.

패러다임(Paradigm)과 변화의 불가피성

 20년이나 30년 전, 그때는 존재하지 않았지만, 현재 존재하는 것들은 얼마나 많아졌을까? 수십 년 전에 몇이나 되는 사람들이 인터넷의 존재와 인터넷이 인간의 삶에 미칠 막대한 영향을 예측할 수 있었을까? 혹시 학교의 환경은 어떨까? 학교폭력, 개별 및 집단 따돌림 등과 같은 현상들이 이렇게나 과격하고 심하게 학교에서 일어날 것을 예측할 수 있었을까? 아니다. 예측할 수 없었다. 인터넷이 나타나기를 원한 것도 아니었는데, 나타난 것이고, 그래서 그 인터넷이 우리 삶에 큰 영향을 주기 시작을 한 것이다. 휴대폰도 또한 원한 것이 아니었는데, 역시 나타났다.

 학교 내에서의 폭력, 따돌림 등 그리고 사회에서의 그런 따돌림 등이 예전에는 적었지만 이렇게 과격하게 나타나게 되었다. 이렇게 변하게 된 것이다. 나도 모르게 시대가 지나니까 지금은 이렇게 되어버렸다는 것이다.

 어른들이 아이들한테 이렇게 이야기한다. 너는 어떻게 하루 종일

게임만 하니? 너는 어떻게 스마트폰만 보고 사니? 너는 어떻게 맨날 유튜브만 보고 있니? 너는 왜 어린아이가 그렇게 화장을 하니? 너는 왜 매일 춤만 추고 사니?

그러면서 이런 이야기를 한다. 아빠가 어렸을 때, 엄마가 어렸을 때는 그런 것 없어도 밖에 나가서 뛰어놀고, 운동장에서 놀고, 도서관에서 책보고, 공부하고 잘 살았어. 너희들은 도대체 왜 이러는 거니? 나중에 커서 뭐가 되려고 하니? 라고. 그런데, 그런 행동을 하는 것이 아이들의 잘못일까? 그 아이들은 태어났을 때, 이미 그 아이들의 눈앞에는, 손에는 인터넷이, 스마트폰이, 유튜브가 있었다. TV에서 자기 또래의 어린 배우나 아이돌이 나와서 춤추고, 화장을 하는 게 너무나 자연스러운 시대인 것이다. 그래서 자기가 원하지 않아도 자연스럽게 그것을 만지고 익히고 따라서 생활하게 된다. 그것은 그 아이들한테는 하나의 삶과 같다. 그것을 떼 놓을 수가 없다.

교육자와 학교건축 전문가의 사회적 책무

어른들은 이러한 것들이 없었던, 변하기 이전의 시대에 서서, 그 때의 기준에 맞춰서, 내 시대에는 이랬는데 너희들은 왜 그러느냐, 여기에 맞추라고 한다. 아이들에게 다가가서 이야기하지 않고, 변화 이전의 자신의 시대로, 자신의 가치에 아이들을 끌어당겨 맞추려고 한다. 그렇게 하는 것이 옳다고 생각하는 듯도 하다. 그런데, 그 말을 들은 아이들은 절대 이해할 수가 없다. 그 아이들은 아빠나 엄마가 살았던 세상을 살아보지 않았기 때문에 예전의 시대나 가치관에 비교해서 지금의 자기를 판단하는 것을 전혀 이해할 수가 없다. 이 과정에서, 거부와 반항과 충돌이 일어날 수도 있게 되는 것이다.

그러면, 아이들이 보고 생활하고 자라난 '지금' 시점에, 어른들이 다가와서 그 시대에 맞추어서 이해하려고 노력하고, 함께 하는 것은 어떨까? 결국 패러다임은 사회와 미래의 변화를 반드시 동반하는 것이고, 그 변화는 교육과 서로 간의 교류를 통해 아이들에게 가장 먼저 반영되고, 그래서 학교에서 가장 먼저 실감하게 된다.

그런데, 학교건축은, 학교공간은 왜 바뀌지 않는다고, 왜 더디게 변화된다고 느껴질까? 학교는 학생이 공부하는 곳만으로서가 아니고, 이러한 다양한 변화를 만끽하면서, 학생과 학생, 학생과 교사, 학교와 지역이 서로 교류하는 생활공간이자, 새로운 융합공간으로 이미 빠르게 변화해 가고 있다.

"학생과 학교의 그러한 변화에 뒤처지지 않고, 전문가로서, 어른으로서 스스로 발맞추어 가려고 진지하게 고민하였는가?"

이것이 그 변화의 차이를 가장 먼저 받아들이는 학생과 학교를 위해, 교육자는 그 학생의 입장에서 교육하고, 소위 학교건축 전문가는 그 학생의 변화를 수용해 주는 공간과 건축을 제공하려고 노력하였는가를 지금 묻고 있는 것이다.

중2병과 어른 따라 하기

중2병은 무엇일까? 대략 중학교 2학년쯤 전후해서 사춘기의 영향도 포함해서 아이들이 자기주장이 강하거나 조금 반항적이거나 학교를 거부하는 현상 등을 일컫는다고 할까?

의학적, 학술적인 관점이 아닌, 중2병에 대한 나의 관점은, 아이들이 어른이 빨리 되고 싶은 욕망이라고 생각한다. 중학생이 되면 머리도 컸고 몸도 제법 컸다. 그런데 나이는 아직 어리니 그래서 어른으로 인정을 안 해 준다. 그래서 어른처럼 보이고 싶은데, 어른처럼 직장을 갖거나, 일을 할 수도 없고 돈을 벌 수도 없고, 결혼할 수도 없다. 그러니까 주변에서 쉽게 보이는 모습을 따라 어른 흉내를 내기 시작한다. 몰래 어른처럼 담배도 피우고, 술도 마시고, 싸움도 하고, 어른처럼 욕도 하고, 조금 반항도 하면서, 어른을 닮아 가려고 한다. 빨리 어른이 되고 싶은 욕망이 나타난다.

지극히 저만의 상상이고, 이러한 현상이 중2병 또는 사춘기라고 말할 수는 없겠지만, 아이들의 이러한 행동을 어렵지 않게 볼 수 있다. 그런데 왜 이런 행동이나 현상이 나타날까?

어린이 - ? - 어른

어린이 - ? - 어른

학생

어린이가 있고, 그리고 어른이 있다. 그러면 어린이하고 어른 사이 중간에는 누가 들어갈까? 잠깐 한번 생각해 보자.

답은 청소년(소년, 청년)이다. 그 중간에는 바로 청소년이 들어가야 된다.

그런데, 우리 사회는 이 중간에 들어갈 다른 답을 미리 구해 놓았다. 어린이와 어른 사이에는, 바로 학생이 들어간다. 당연히 학생 아니냐는 사람들도 있다. 사실 학생은 배우는 사람, 공부를 하는 사람이란 뜻이니, 청소년기에 공부를 해야 하니 왜 틀렸냐고 하겠다.

그런데 우리 사회에서는 초등학교를 졸업하고 어린이가 어른이 되기 위해서는 공부하는 것이 개성, 꿈, 희망, 진로, 무엇보다도 우선한다는 가치를 세워 놓은 것은 아닌가, 애써 아이들에게 나중에 어른이 되어서 행복하게 살려면, 이 시기에 다른 하고 싶은 것은 잠깐 보류하고, 공부를 열심히 해야 한다는 거부할 수 없는 굴레를 학생이라는 신분으로 씌어 놓은 게 아닌가 생각된다. 그런데, 그래야만 한다고 하면, 더 마음이 아프다.

　　이렇게 개성, 꿈, 희망을 자유롭게 맘껏 펼쳐야 할 때에, 모두 공부하는 것만을 좇으며 숨 막히게 지내야만 하는 이 시기를 견디기 어려워서, 그래서 빨리 어른이 되어서 이 시기를 빨리 벗어나야지 하는 거부와 반항이 중2병, 사춘기로 나타나는 것은 아닌가 하는 생각이다. 물론 나는 교육학자도, 심리학자도, 사회학자도 아니지만.

6-3-3 학제와 70년의 세월, 그리고 중2병

6-3-3은 우리나라의 학제이다.

일제 강점기 때부터 6-3-3이었고, 6.25 전쟁 이후, 짧은 미군정 시기에도 6-3-3이었고, 미군정 이후 우리나라 정부의 최초 교육부가 생겼을 때부터도 6-3-3이었다. 그때가 1951년, 올해가 2022년이니까 약 70년이 넘었다. 70년 동안 이 6-3-3 학제는 바뀌지 않았다.

바뀌지 않은 것일까? 바꾸지 못한 것일까? 다른 것들은 그렇게도 빨리, 또 자주 변했는데도 말이다. 70년 전에 초등학교 6학년과 지금의 초등학교 6학년이 같을까? 아이들의 사고방식, 가치관, 신체의 성숙도나 이런 것들이 그때와 어떨까?

우리나라에 중2병이라는 표현이 있듯이, 일본에는 중1갭(Gap)이라는 유사한 표현이 있다. 초등학교를 졸업하면 새롭게 중학교로 입학하는데, 그게 싫은 아이들이 있다. 오랫동안 사귀었던 친구들, 형 동생들, 선생님들을 떠나기 싫고, 새로운 학교로 가는 게 두렵고, 새로운 친구를 사귀는 것을 어려워한다. 그러다 보니 입학을 앞둔 중학교 1학년 학생들이 학교를 가지 않는 현상이 발생하는데, 이를 부(不)등교, 중1갭(Gap) 이라고 한다. 예상보다 적지 않은 수치로 나타난다.

사실 우리랑 비슷한 현상이다. 일본은 만(滿) 나이를 사용한다. 일본의 중학교 1학년은 우리나라의 중학교 2학년과 같다. 우리나라도 초등학교를 졸업하고 중학교를 들어갈 때 아이들이 조금 어려워하지만, 별 불만 없이 다 따라간다. 그런데, 한 1년 정도 지나니까 생각이 달라지고, 자기 의견과 주장이 커진다. 조금 성장하는 것이다. 1학년은 그냥 따라왔지만, 이제 자기 주관대로 더 생각을 하고 행동을 하게 된다. 그래서 이 시기에 중2병이라는 현상이 나타나고, 이 중2병과 일본의 중1갭(Gap) 같은 맥락으로 이해할 수 있다.

중학생들의 항의와 6-3-3 학제의 개편

어린이 – ? – 어른

6 – ? – 3 – ? – 3

왜 이런 현상이 비슷한 시기에 공통적으로, 사회적으로, 학교에서 발생될까? 우리나라가 20여 년, 30여 년 전에 혹시 중2병이 있었던가? 아니면, 최근에 아이들이 예전보다 더 성장하면서, 빠른 변화에 적응하면서 이런 현상이 더 부각되고 있는 것인가? 혹시, 예전에는 아이라고 간주했던 초등학교 6학년이나 중학교 1학년들이 더 이상 예전의 아이가 아닌 것은 아닐까?

그렇다면, 이 아이들은 정신적으로, 신체적으로 성장하고 변화했는데, 그래서 이 아이들이 더 이상 아이 취급을 하지 말라고, 지금의 나는 6-3-3 속에서 어디에도 소속되지 않으니, 바꾸어 달라고 항의하고 있는 것은 아닌가?

물론, 우리나라도 지금 6-3-3의 학제를 개편하려는 전반적인 준비를 하고 있다. 세계적으로 학제의 변경, 통합, 학점제, 무학년제 등을 추진하고 있는 국가들도 이미 많다. 누군가에게 떠맡기는 것 같아 미안하지만, 교육정책, 교육과정, 교육학 전문가들과 함께 교육부가 아마도 곧 도래할 학제의 개편 임무를 하고 있을 것으로 생각한다.

이러한 개편이 도래한다면, 그 개편과 변화를 반영해 주는 학교건축과 공간을 지원하는 것은 학교건축 전문가의 너무나도 당연한 의무일 것이다. 또는 지금의 단계에서도 이를 개선하는 데 조치가 필요하다면, 그 역시 최선을 다해야 할 것이다.

올바른 통합운영학교 건축계획

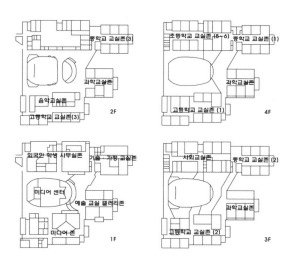

● 일본 교토 사립 리츠메이칸 초·중·고등학교 층별 조닝

　　교육부는 최근 학생 수의 지속적 감소에 대한 대응과 균등한 교육의 질 제공, 국가재산의 효율적, 통합적 관리를 위하여 적정규모 학교를 설립하는 것을 주요 정책의 하나로 추진하고 있고, 설립여건이 충족되지 않는 소규모 초등학교와 중학교를 함께 통합운영학교로 설립하고 있는 추세이기도 하다.

그러나 건축적 측면에서 이름만 통합운영학교이어서는 안 된다. 한 울타리 안에 2개의 학교를 별동으로 만드는 것은 독립된 작은 학교 2개를 짓는 것과 전혀 다를 바 없다. 통합운영학교 건축계획의 최우선 선결조건은 초등과 중등이 함께 공용 가능한 모든 시설과 공간들은 의무적으로 공유하도록 하고, 그 절약으로 발생하는 여유는 공용공간과 휴게편의공간, 지원공간 등을 최대화, 특성화시킨 학교를 만들어야 한다는 것이다.

일본 교토에 위치한 사립 리츠메이칸학원은 일관교육학교나 의무교육학교도 아닌데도, 한 건물 내에 초·중·고등학교 모두를 함께 위치시키고 있다. 학교 중심에 대규모 도서관과 종합미디어센터를 배치하고, 각종 실습교실과 지원시설을 집약 배치시켜 공용으로 사용한다. 학제는 당연히 6-3-3이다. 그런데, 층별로 학년의 교실 및 공간구성은 매우 흥미롭다.

초등학교 1~4학년의 교실은 별도의 클러스터 조닝으로 구성하고 있다. 그리고 초등학교 5, 6학년+중학교 1, 2학년 교실을 별도의 조닝으로 배치하고, 중학교 3학년+고등학교 1, 2, 3학년 교실을 별도의 조닝으로 묶어 배치시키고 있다. 다시 말해, 학제는 현재의 6-3-3인데, 교실 및 공간의 배치는 4-4-4의 배치 구조를 취하고 있다.

초등학교 저학년 어린아이들은 함께 생활하도록 배려하고, 과도기나 진학기를 맞은 고학년 학생들을 상급학교 중학교의 저학년과 함께 같은 건물, 같은 층, 같은 공간에서 생활하도록 했다. 그래서 초등학생과 중학생, 중학생과 고등학생이 복도에서, 도서실에서, 실습실에서, 식당에서 자연스럽게 만나고 서로 교류를 하게 된다.

학제 간 교류, 융합교육, 선행학습교육 등의 거창한 말은 않더라도, 초등학교 고학년 아이들은 중학교의 형, 언니들은 저렇게 생활하고, 공부하는구나. 나도 올라가면 저렇게 배우겠지라고 직간접으로 느끼며 생활해 간다. 학교에 대한 적응과 만족도가 훨씬 더 좋아지는 것이 이상한 일이 아니다.

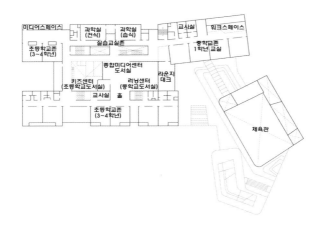

● 춘천 퇴계 초·중통합운영학교 3층과 도서실
사진: ㈜이가종합건축사사무소, CFSA REVIEW SUMMER NO.05, p.31

춘천에 2021년도에 개교한 퇴계 초·중학교가 있다. 역시 교사동 중심에 도서실과 실험실습실들을 배치해 공용하고, 3층에 초등학교 3, 4학년과 중학교 1학년, 4층에 초등학교 5, 6학년과 중학교 2학년이 배치된다. 같은 층에, 같은 공간에서 함께 생활함으로 인해서, 교육과정 운영, 학교운영, 생활지도, 학생교류 등의 관점에서 상호보완적, 협력적 효과가 일본의 리츠메이칸학원처럼 충분히 기대되고 있다.

6-3-3 학제는 아직 개편 전이다.

그러나 제도가 변경 전이니, 어쩔 수 없이, 우리 아이들을 그 틀 안에만 있어야 한다고 강요하고 그 어떤 노력도 하지 않는 것은, 우리가 변화하는 패러다임과 또는 변화된 아이들을 위한 학교공간과 학교건축을 적절히 제공했는가라는 물음에 전혀 답을 할 수 없게 되는 것이다. 그래서, 지금의 나는 6-3-3 속에서 어디에도 소속되지 않으니, 바꾸어 달라고 항의하는 아이들에게, 이 두 학교건축 사례들은, 아니, 이 학교를 설계한 학교건축 전문가의 시도는 의미 있는 하나의 해결 대안이 될 수 있지 않을까?

ICT와
인터랙티브 교실

미래의 교실

● 일본 도쿄 우치다요우코우(㈱内田洋行) 가구회사가 제안하는 미래교실

약 10여 년 전 일본의 학교건축 답사를 가면서 우치다요우코우(㈜ 內田洋行)라는 가구회사를 방문하게 되었다. 학교나 사무실에 교구를 공급하는 유명회사라 하니, 어느 정도 볼 거는 있겠거니 하지만 별 기대는 없었다. 그런데 당시도 그랬지만 지금까지도 놀라움이 가라 앉지 않는다.

● 꿈을 담은 교실 만들기 사업 사례, 학교공간혁신의 교육효과 분석 방안
사진: KEDI, 연구보고 RR 2020-25, p.52, 56

미래교실이라는 이름으로, 교실 1실을 구성해 놓았다. 교실 3면 이 모두 스크린이었고, 천장에는 벽면을 비추는 빔프로젝트가 각 3 대씩, 총 9대가 설치되어 있었다. 교사가 태블릿과 빔프로젝트를 자 유롭게 연동하는 시스템이 교탁을 대신하고 있었다. 교실 후면에는 미니 도서코너와 정보검색 태블릿이 벽체화되어 있었다. 학생 책상, 의자는 하부에 수납공간이 있는 바퀴가 달린 일체구조로 모둠수업 시 자리 이동에 유용하도록 제작되어 있었다.

교육청이나 학교 관계자가 이곳을 방문해서 미래교실의 필요성을 느끼고, 학교에서 공식적으로 요청을 하면, 당 회사에서 심사를 해서, 각 지역 교육청별 한 학교에 대해 무상으로 설치를 지원한다고 한다. 나중에 학교와 교육청의 호응이 높아지면, 여러 학교에 정식계약으로 이어지도록 하고 있다.

언뜻, 이게 가구회사에서 할 수 있는 일인가? 우리나라의 유명한 가구회사에도 이렇게 학교와 교실의 미래를 고민하는 노력이 있던가? 있는데 내가 모르고 있나? 정말 궁금해졌다.

우리나라 교육청에서 꿈을 담은 교실 만들기 사업이 초등학교의 교실을 대상으로 진행되었다. 당연히 이 사업도 학교공간혁신사업에 흡수되었다. 여전히 학생들의 감성과 흥미를 자극하는 공간구성이다. 스마트교실 확충이라는 사업도 병행되고 있기는 하지만, 교실을 놀이공간이나 컴퓨터실로만 바꿔 늘리는 헛수고는 말아야겠다.

하나를 하더라도 제대로 했으면 한다는 생각이 너무 간절했다.

ICT와 Interactive 클래스룸

ICT
(Information & Communication Technology)

ICT는 정보통신기술(Information & Communications Technology)의 의미이며, 단순히 정보기술(Information Technology, IT)로 사용될 때도 많다.

ICT 학습환경 변화에 대해서는 많은 사람들이 미래형 학교와 미래형 교실에 대해 많이 언급한다. 지금 나는 미래형 인터랙티브 클래스룸에 대한 구상과 현장적용에 대한 연구를 진행하고 있다. 그러나 나는 다른 연구자들과 미래형 교실에 대한 관점과 접근에서 차이가 있다.

미래형 교실을 다 컴퓨터실로 만들어야 한다? 아니라고 생각한다. 무선 인터넷 환경과 고사양 장비와 시설을 갖춘 교실로 구성해야 된다? 일부는 그렇지만 다 그럴 필요가 없다고 생각한다. 그러면 그 공간구성을 어떻게 해야 미래형 교실이 될 수 있는가?

그 교실 내에서 학생과 교사, 학생과 학생, 그리고 더 나아가 학급과 학급, 교실과 학교 외부까지 상호 교류가 가능한 공간과 환경이 필수여야 된다. 인터랙티브가 가지고 있는 단어의 순수한 뜻은 보내는 사람과 받는 사람이 콘텐츠를 상호 교환할 수 있다는 뜻이기 때문이다. 단순히 컴퓨터실의 환경을 갖춘다라고 해서 미래형 교실이 아니고, 교사든 학생이든 누군가에 의해 어떠한 콘텐츠가 그 교실에서 만들어지면 그 콘텐츠를 교실 내에 있는 사람들과 그리고 교실 바깥에 있는 사람 또는 학교 외부에 있는 사람과 자유롭게 실시간으로 상호 교류해서 활용할 수 있는 환경이 구축된 교실을 미래형 인터랙티브 클래스룸이라고 생각한다.

즉, 미래형 교실은 인터렉티브 클래스룸이라고 부를 수 있을까? 그 교실은 인터랙티브한 수업과 학생-교사, 학생-학생, 학급-학급, 학년-학년, 학교-외부와의 교류가 가능한 공간과 기기 환경이 필수이어야 할까? 그러면 맞다.

건축설계와 통신업계
생태계의 파괴

변화는 예측하지 못한 곳에서 시작되고, 그로 인해 생태계의 변화가 일어난다.

어느 날 전기통신, 특히 인터넷설비 공사 및 통신 시설물 유지관리를 본업으로 하는 회사의 임원이 방문했다. 자신의 회사는 최근 학교건축설계 및 BTL 전문 PM 회사로서 업역을 확장하고 있으며, 당선실적이 늘고 있다고 한다. 전체 직원들이 전기통신 출신들이니 건축설계 및 학교건축에 대해 이해도가 낮아, 나에게 특강을 요청해 왔다. 얼마 전에 다른 교수에게 들었던, 설계사무소의 대표가 힘주어 말하던, 그 말도 안 되는 회사이지 않은가?

학교 공사 시에, 통신설비, 인터넷설비가 차지하는 비중은 예전보다 현저히 늘어 가고 있고, 태블릿을 활용한 수업, 스마트교실의 확대 등이 빠르게 도입되고 있는 현실이다. 그런데 학교설계는 이러한 설비를 담아야 하는 공간에 대해 소홀하다. 최초 설계 시에 적당한 공간을 확보했더라도, 학교와 교육청과 협의하다 보면, 다른 공간이 추가되고, 이러한 공간은 줄여도 아무 문제 안 되는 공간으로 치부돼 정말 최소한의 공간으로 축소된다.

애초에 충분한 통신설비의 인입, 교체 및 유지관리가 필요한 서버실, 관리실, 샤프트 공간, 천장 내 공간 등이 충분히 확보된다면, 즉 건축설계 시 꼭 필요한 공간 이상으로 확보하도록 계획한다면, 나중에 학교 내에 설비증설을 위한 옹색한 공간 증축이나 욱여넣은 설비를, 그 업체가 아니면 도저히 관리할 수 없는 상황은 사라질 것이다. 그래서 이러한 상황을 개선하기 위해 자신들이 전면에 나서게 된 것으로 이해되었다.

아주 흥미로웠다. 통신설비 회사가 학교건축설계를 하는 것이 절대 불가능한 일인가? 그런데 반대하는 사람들과 내 생각은 달랐다. 무언가 나의 머릿속에 더 그려졌다. 교실과 교실, 학년과 학년, 학교와 외부인이 동시에 정보를 교류하며 학업 하는 인터랙티브한 미래형 교실, 메타버스 수업으로 공간의 제약 없이 학생들이 자유로운 상상이 현실이 되는 학교, 복도 내 학생 안내 및 도움이 필요한 학생의 친구 역할을 하는 로봇이 자연스럽게 다니는 학교가 곧 오지 않겠는가?

그렇다면, 이건 건축의 영역인가 아니면 통신설비의 영역인가? 누가 더 전문가인가? 앞으로 누가 학교건축공간 설계와 관리의 주도자가 될 것인가?

이미 학교건축설계 분야와 통신설비 업계 생태계의 파괴는 시작되고 있었다.

학교의 AI 로봇

● 학생들의 체온을 측정하는 AI 로봇
사진: https://blog.naver.com/seocho88/221988407503

집 안에서 사용하고 있는 로봇청소기, 공항의 탑승수속 안내 로봇, 식당에서 주문한 음식을 가져다주는 로봇들은 이미 우리 일상에서 함께하고 있다. 이제는 호텔이나 리조트, 스포츠센터, 공장 등에서 AI(인공지능) 시설관리 솔루션까지 등장했는데, AI 로봇에 자율주행 기능이 탑재돼 스스로 이동해 각종 시설물이 제대로 작동되는지 점검하고, 도움이 필요한 사람이 있으면 응급신호를 발송해 대응한다. 다양한 센서가 장착돼, 연기, 온도, 냄새 등 다양한 위험 상황을 감지해 초기 대응에도 역할을 한다. 심지어 컨시어지 솔루션이 장착된 AI 로봇은 인간과 로봇이 상호작용할 수 있는 휴먼로봇 인터랙션 단계까지 진화했다.

COVID-19로 인해 등교하는 학생들의 체온을 단순 측정하는 방법도 적외선 카메라·안면인식 기술 등이 탑재된 AI 로봇으로 대체되어 온도를 측정해 화면에 표시하고, 마스크 착용도 음성으로 권유하는 신속하고 감염위험이 적은 시스템으로 빠르게 진화했다. 이미 국내 여러 초등학교에는 딥러닝 알고리즘을 바탕으로 대화 문맥과 상황을 인지하고, 사용자와 나눈 대화 내용을 기억해 의사소통할 수 있는 AI 교육로봇이 복도를 다니고 있거나, 학생관찰 및 지도에 교사의 빈자리를 보완하는 등 학교현장에 실질적 도움이 되고 있다.

아직은 과거 모든 학교에 컴퓨터실을 구축하던 시기와 비슷한 초기 수준에 머물고 있지만, 이 AI 교육로봇의 학교 내 확산과 진화가 얼마나 빠를지는 아무도 장담할 수 없다. 조만간 학교설계 시 AI 로봇의 수직 이동 전용 E/V시스템, 턱이 없는 경계, 경사 램프, 로봇 제어실과 리턴 홈 공간 등이 설계 필수조건으로 등장하지 않을까?

메타버스는 단순히 게임이 아니다

　　메타버스는 Meta(초월, 가상)+Universe(세계) 합성어로, '증강실감기술' 방식을 통해 구현되는 물리적 환경이나 모습의 제약이 사라진 '가상현실세계'를 말한다. 앞으로 이러한 메타버스를 활용한 교수학습방식이 학교에 광범위하게 퍼질 거라고 하면, 대부분 절대 그럴 일이 없다고 무시한다. 그러나 지금은 어떻게 학교에 도입해야 할지 모를 뿐, 언젠가 그런 세상이 올지 모른다. COVI-19와 같은 예측 불가능한 상황이 더 발생한다면, 증강실감기술과 5G 네트워크 연결기술 등이 더욱 발전한다면, 이러한 플랫폼은 한층 더 빨리 학교에, 직장에, 사회에, 우리 세계에 자리 잡을지 모른다. 메타버스 기반 가상 초등학교 세계에서, 실제 학교처럼 몰입감 있는 수업과 심지어 방과 후에 아바타 모임과 교류가 일어날 수도 있다. 실시간 전략게임 속이나, SNS에서든, 가상현실세계 속에서 현실의 나를 대신한 아바타를 통해 현실처럼 인식해 살아가는 아이들이 이미 많은 것을 알고 있다.

　　COVI-19로 인해 모든 학교가 Zoom과 같은 방식으로 수업이 진행될 수밖에 없을 때, 끝까지 Zoom으로 수업할 수 없다는 교수가 있었다. 개인의 자유이지만 꼭 그렇게까지 할 필요가 있을까? 메타버스라는 가상현실세계도 그럴 것이다. 앞으로 그런 상황이 펼쳐지는 시기가 오는 것을 비교육적, 비윤리적, 비사회적이라고 또는 괴이하다고 생각하는 등 무조건 거부하지 말고 자연스러운 세상의 변화로 받아들이자. 그걸 느끼게 된 순간은, 이미 내 앞에, 내 옆에 내가 원하지 않았더라도 변화돼 보이는 패러다임이니까.

가장 큰 변화는
복도에서
시작되고 있다

복도와 교실의 경계는 명확한가?

● 일본 도쿄 시나가와 구립 고덴야마 소학교의 복도와 교실

● 일본 도쿄 도시마 구립 이케부쿠로 혼쵸 소학교·이케부쿠로 중학교 복도와 교실

　학생과 교사가 프라이버시를 위해 복도벽을 막고 수업해도 된다. 원하면 또 언제든지 열어도 된다. 복도의 수납공간에는 이동식 옷장이 있다. 이것들을 옮기면 복도는 교실만큼 넓은 개방공간이 되고, 언제든지 제2의 교실로 사용 가능한 공간이 된다.

학교의 복도는 더 이상 통로만이 아니다. 학생과 학생, 학생과 교사 서로가 교류하는 생활공간, 홈이다. 가장 크고 중요한 변화는 복도에서 이미 시작되었다. 복도에는 수납공간도, 휴게공간도, 세면공간도 있다. 교실의 벽은 원할 때는 언제든지, 원하는 만큼만 복도로 열 수 있다.

그래서 복도와 교실의 경계는 명확하지 않다.

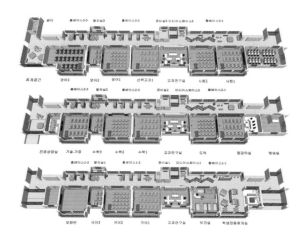

● 충북 청주 오창중학교 층별 재조닝 및 복도 리모델링 공간

2012년 전국적으로 시행된 교과교실제를 앞두고, 충북 청주 오창의 오창중학교는 전체 교실을 재조닝하고 기존 단순한 통로였던 복도를 모두 확장해 학생휴게공간, 홈베이스, 미디어스페이스를 확충하였다. 최근 이 학교를 졸업한 학생이 건축사가 되어 내 대학원 석사수업에서 이 학교를 발표하면서, 다양한 활동이 가능한 교실의 종류, 넓은 학생휴게공간이 다른 학교를 다니는 학생들에게 부러움을 샀다는 추억을 회상했다.

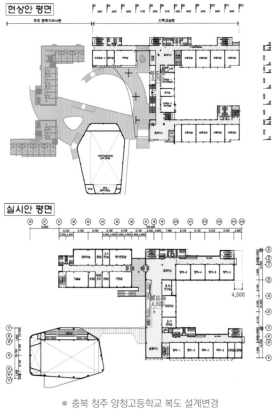

● 충북 청주 양청고등학교 복도 설계변경
도면: ㈜디엔비건축사사무소

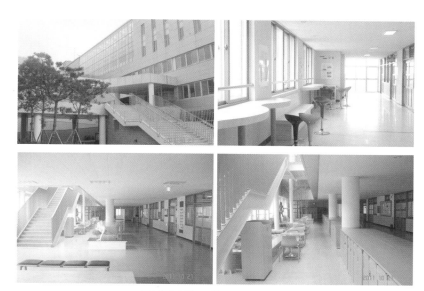

● 충북 청주 양청고등학교 복도의 교류공간화

    충북 청주 오창의 양청고등학교는 현상설계 당선 시 중앙의 학생들의 주 동선으로 이용되는 복도 폭이 3.0m이어서 이를 4.5m로, 외부계단을 실내계단으로 변경해, 총 9.0m의 복도로 변경하였다. 이를 통해 이 공간은 학생들과 교사들이 교류하고 만나는 장소로서 기능하게 된다.

남향 복도는 어떤가?

● 일본 도쿄 시라우메학원 여자 중·고등학교의 남향 복도와 아트리움

　일본 학교건축의 대가인 쿠도 카즈미 Coelacanth K&H 건축사무소 대표 건축가(토요대 교수)가 설계한 도쿄 시라우메학원 여자 중·고등학교 한 건물의 복도는 놀랍게도 남향이다. 우리나라에서는 받아들여지는 않는 계획이다. 조명으로 교실 내 조도를 일정하게 한 북향

교실을 두고, 남향 복도에는 나무가 자라는 미니 정원, 학생들이 교류하는 러닝카운터를 둔다.

중앙 현관을 통해 진입하는 아트리움은 학생, 교사, 방문객 모두가 교류하는 대규모 공간이다. 교무센터는 수업 시작과 동시에 전체 벽면이 개방되지만, 학생이나 방문객은 아트리움 홀에서만 교사를 만난다.

교류 홈으로서의 커뮤니티 몰

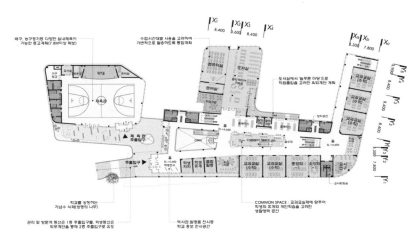

● 충북 청주 오송고등학교 교류 홈으로서의 2층 복도 커뮤니티 몰
도면: ㈜디엔비건축사사무소

　　충북 청주 오송고등학교의 중앙 공간은 중복도이다. 가장 좁은 곳
의 폭은 8.0m이고, 가장 넓은 곳은 15.0m이다. 거의 교실 폭의 2배
이다. 이곳을 복도라 할 수 있을까? 쇼핑센터나 백화점을 가면, 복도
처럼 주어진 동선을 따라가기보다 원하는 장소로 자유롭게 섞여서
갈 수 있는 넓은 폭의 복도를 보게 된다. 쇼핑몰이라고 한다. 이곳은

어디든 원하는 공간으로 학생과 학생, 학생과 교사가 자유롭게 이동하며, 소통하고 교류하는 홈으로서의 커뮤니티 몰이다.

● 충북 청주 오송고등학교 교류 홈으로서의 복도 커뮤니티 몰

대계단은 복도인가?

왜 우리나라 초등학교, 중학교에 대계단이 유행인가?

2012년으로 기억한다. 어느 날 모 설계사무소 임원이 고등학교 현상설계 계획의 자문을 요청해 연구실로 찾아왔다. 함께 도면을 보고 이야기를 나누던 중, 3층과 4층에 '표현의 무대'라는 공간이 있어, 무슨 공간이냐고 물었다. 이 분 나를 쳐다보는 눈빛이 마치 '학교시설 연구하는 교수라면서 이걸 몰라? 전문가는 맞긴 한 건가?' 라며 웃음을 머금은 채, "교수님, 이게 표현의 무대라는 공간인데요, 요즘 학교 설계 트렌드예요"라고 말했다.

이후 긴 이야기 하지 않고 바로 돌려보냈다. 트렌드(Trend)는 「동향, 추세」라고 번역할 수 있을 것 같다. 그런데 그분이 말한 학교설계 트렌드는 내게 마치 카피(Copy)로 들려왔고, 한동안 멍하게 나를 만들었다. 외국이든 우리나라든 다른 학교들에 나타났다고, 학교급이나 지역, 각 학교에 처해진 개별 상황을 신중히 고려해 보지 않고 무분별하게 다른 학교에 똑같이 카피하는 것으로 보였다.

전국을 동시에 비슷한 학교로 카피(?)해 가면서, 요즘 시대의 학교는 이렇게 지어야 하고, 그것이 트렌드네 하고, 시대적, 교육적 변화와 함께 그에 따른 학교건축의 발전적 방향까지도 제시해야 하는 우리의 역할과 의무를 애써 외면해 온 것이 아닌가 자문해 본다. 학교에 가 보면 학생과 교사들이 불편해하는 목소리를 들으려고 하지 않고, 전문가가 만들어 준 공간이니 적당히 맞추어 쓰라며, 이 공간이 왜 필요한지, 심지어 어떻게 사용해야 할지 모르는 공간을 너무나도 쉽게 찍어 내고 있는 것은 아닌지? (정진주, 특집주간, 학교시설 및 환경의 종합적 향상을 위한 제언, 한국교육시설학회지, 2012. 09.)

일본 학교의 담장 재설치

2001년 6월 8일 일본 오사카의 오사카 교육대학 부속 초등학교였던 이케다(池田) 초등학교에 흉기를 든 괴한이 침입하여 초등학생 8명이 살해당하고 교사 2명이 상해를 입은 사건이 발생했다. 오전 10시경 2교시 수업이 끝날 때쯤 학교 동쪽 끝에 있는 2학년 A반으로 침입했다. 처음에는 급식을 나눠 주는 직원으로 여겨졌으나, 손에 들린 흉기를 목격한 교사가 밖으로 도망치라고 소리를 쳤고 학생들은 비명을 지르며 달려 나갔다. 범인은 달려가다 넘어진 아이를 흉기로 찔러 A반에서 4명에게 중경상을 입혔다. 이어서 2학년 교실 B반으로 간 범인은 무방비한 학생들을 차례대로 찔러 8명이 상해를 입고 그중 5명이 목숨을 잃었다. 이에 그치지 않고 C반으로 발걸음을 옮긴 범인은 교사가 없는 쉬는 시간을 틈타 그 반의 아이들까지 흉기로 무참히 살해했다. 해당 반의 교사들은 의자 등을 던지며 범인에게 저항했으나 한 교사는 칼에 찔려 중상을 입게 되었다(https://thewiki.kr/w/).

이는 그동안 일본의 초등학교가 지역주민과 외부인에게 활짝 개방했던 담장이 재설치되는 이유 중에 하나가 된다.

복도가 확장돼 교실과 결합된
표현의 무대

● 일본 후쿠오카 하카타 소학교 1층 표현의 무대
사진: 쿠도 카즈미

● 일본 쿠마모토 야마가 소학교 1층 표현의 무대

일본 사회는 또다시 유사한 일이 발생하는 것을 걱정해 개방했던 학교의 담장을 재설치하기에 이른다. 그러나 이미 지역주민에게 자연스럽게 개방되었던 학교시설은 완전한 차단보다는 시각적, 경계적

차단을 도모하는 타협이 등장한다.

쿠도 카즈미 Coelacanth K&H 건축사무소 대표 건축가(토요대 교수)는 학교건물 자체를 담장으로 하되 1층에서 학교 내부와 외부가 자연스럽게 시각적으로 투시돼 교사들뿐만 아니라 지나가는 지역주민 누군가는 모두 아이들을 관찰하는 보호자로서 역할 할 수 있는 계획을 시도한다. 그 장소에 학생과 지역주민들이 함께 할 수 있는 시설인, 기존의 시청각실을 개방적으로 배치하고, 이곳의 이름을 표현의 무대로 한다. 1층 외부에서 표현의 무대와 복도를 거쳐 운동장까지 투시되어야 하니, 당연히 복도는 확장돼 교실공간과 결합된다. 이같은 공간은 쿠도 카즈미 건축가의 시그니처 디자인과도 같이 거의 모든 학교설계에 나타나고 있으며, 쿠마모토의 야마가 소학교에서도 동일하게 나타나고 있다. 이 표현의 무대를 벤치마킹한 사례들이 일본 내에서도, 특히 우리나라에도 등장하게 된다.

● 충북 진천 음성혁신도시 동성중학교 1층 표현의 무대

충북 진천 음성혁신도시의 동성중학교는 이러한 쿠도 카즈미 교수가 제안한 표현의 무대 공간을 단순히 카피하지 않고 가장 담담하게 재해석하였다. 1층(2층까지)에는 표현의 무대를 대계단방식으로 개방적으로 적용하였고, 3층(4층까지)에는 드라마 공간을 계단과 포켓 스터디 공간으로 적용해 전체공간을 1층에서 4층까지 다이나믹하게 연결시켰다.

표현의 무대든, 대계단이든 단순한 카피가 아닌, 그리고 공간의 낭비가 아닌 학생들의 중요한 교류와 학습의 중심이 되기 위해서는 그 학교에 맞게끔 재해석하는 건축가의 창의적 사고와 노력에 달려 있다.

왜 교육과정 공부
안 하는가?

건축가는 교육과정 공부 안 하는가?

　건축가는 건축에 대해 오랫동안 공부하고 혹독한 훈련을 거친 훌륭한 전문가이다. 그래서 건물을 설계할 때 건축주에게 많은 것을 설명해 주고 이해시켜 주며 좋은 설계를 만들어 간다. 그런데 유독 학교를 설계할 때는 다르다. 학교의 사용자로부터, 교육청의 담당자로부터 수용하기 어려운 주문을 받는다. 그런데, 설사 그 주문이 부당하고 적절하지 않아도 설득과 대응이 어렵다. 왜냐하면 그들에게는 건축가는 교육을, 교육과정을, 학교 생태를 모른다라는 고정된 선입견이 있기 때문이다. 그러면 건축가도 어쩔 수 없나 하고 받아들인다.

　알고 있으면 된다. 학교설계를 할 때 당선된 다른 회사의 도면이나 신설된 다른 학교 도면을 보고 비슷하게 설계하는 것을 절대로 멈춰야 한다. 먼저 학교를 이해해야 한다. 완벽하지 않더라도 교육과정을 이해해야 한다. 모든 건축가가 교육과정을 공부할 필요는 절대 없다. 만약 자신이 학교건축가라고 생각한다면 또는 그러한 회사라면 교육과정을 공부해야 한다. 건축가들이 교육과정을 이해 못(안) 해서 범한 실수는 너무나도 많고, 온전한 설계가 이루어지지 않고, 이는 고스란히 학생들에게 피해로 돌아가기 때문이다.

중학교와 고등학교 교육과정에서는 교과목에 대해서 교과군을 설정한다. 예를 들어 음악과 미술이 예술 교과군으로 묶인다. 기술과 가정은 기술·가정 교과군으로 묶인다. 누구나 이해할 수 있는 것이라고 생각했는데, 꼭 그렇지는 않은 것 같다.

2015년 ○○교육청 ○○학교의 설계 자문을 하던 중, 상상할 수 없는 교실 2개를 발견했다. 음악/시청각실과 기술/가정교실이다. 면적이 부족하고 공사비가 부족해서 축소할 수밖에 없어 실들을 통합했다고 한다. 시청각실에서 왜 음악수업을 병행할 수 없겠냐고 생각했겠지만, 가창과 연주를 위한 음악교실은 반드시 독립된 교실로 확보해야 한다. 기술실은 무언가를 공작하는 활동이 많아 시끄럽고, 먼지도 많이 발생한다. 가정실은 생활을 영위하기 위한 필수적으로 배워야 할 실습이 이루어지는 곳이다. 다분히 정적이고 위생이 강조되어야 한다. 이 두 실습실은 공존할 수 없다. 무엇보다도 학생들의 건전하고 즐거운 학교생활을 위해서도 이 교실들은 반드시 중요하게 확보되어야 하는 것을 무시하고 있던 것이다.

변화된 교육과정에서
핵심 반영요소를 설계요소로 찾는다

표. 개정 교육과정의 주요 특징

기 별	공포(고시)	교육과정	주요 특징
제7차	1997. 12. 30 1998. 06. 30 2004. 11. 26 2000. 01. 05 2006. 08. 29	초·중등학교 고등기술학교 초·중등학교 공고2·1체제 폐지 국사 개정	자율과 창의를 바탕으로 한 학생 중심 교육과정 국민 공통 기본 교육과정 편성/학생 선택 중심 교육과정 도입 수준별 교육과정 구성 재량활동 신설
2007 개정	2007. 07. 28 2008. 08. 26 2008. 09. 11 2008. 12. 26 2009. 03. 06	초·중등학교 고등기술학교 초·중등학교 보건교육 초·중등학교 외국어(영어) 초·중등학교 사회과	제7차 교육과정의 철학과 체제 유지 재량활동 운영학교 자율권 확대 '교과 집중이수제' 도입 교육과정 편성·운영자율권 부여 과학교육, 역사교육 강화 고등학교 선택과목 신설·개설허용(교육감 승인)고교 선택과목 일원화 선택과목군 조정 주5일 수업제 월 2회 시행에 따른 수업시수감축 반영
2009 개정	2009. 12. 23 2010. 05. 12	초·중등학교 초·중등학교 사회과	창의와 인성을 강화하는 교육과정 창의적 체험활동 실시로 창의 인재 양성 교육 실시 고교생의 기초교육 강화로 진로·적성에 적합한 핵심역량을 키우도록 개선 학교별 특색있는 다양한 교육과정 운영토록 재량권 확대 중학교 '진로와 직업' 신설 (2013년 중학교 자유학기제 시범 도입, 2016년 시행)
2015 개정	2012. 03. 21	초·중등학교 사회과	고등학교 '사회', '실용경제' 신설(국제화 강화)
	2012. 07. 09 2013. 12. 26 2015. 12. 28	초·중등학교 국어과, 도덕과, 사회과	인성교육 강화를 위한 교육 목표 개선 집중이수제 개선 학교스포츠클럽 활동 교육과정 반영 국어, 도덕, 사회교과 성취기준에 인성요소 강화

교육과정 전체를 완벽히 공부할 필요는 없다. 주기를 두고 변경 공포되는 개정 교육과정의 총론을 꼼꼼히 공부하면 된다. 개정 교육과정에서는 반드시 변경되어야 할 핵심적인 요소를 강조한다. 그러면 교사나 학교는 교수학습방법 및 학생 지도에 새롭게 반영해야 한다. 그렇다면 건축가는 그 내용이 새로운 공간이나 교실의 형태나 공간의 증감을 요구하는지 검토해야 한다. 있다면 기존의 학교공간에 추가적으로 그 사항을 설계요소로 반영하면 된다. 절대 어려운 일이 아니다.

　　우리나라 교육과정은 1997년 7차 교육과정에서 '자율과 창의를 바탕으로 한 학생 중심 교육과정'으로 학습, 규율, 통일보다는 자율, 창의를 강조하며 획기적으로 개정되며, 사실 지금까지도 그 기본 틀을 유지하고 있다. 이후부터는 차수 표기방식 대신 개정연도로 표시하는 방식으로 바뀐다.

　　2007 개정 교육과정에서 앞선 수준별 교육과정과 함께 교과 집중이수제 도입, 선택과목 신설 등의 중요한 개정을 이룬다. 사실 이 개정내용이 교수학습방법에 도입되려면 교과교실제 방식이 반드시 도입되어야 했고, 건축가들은 이러한 특성을 미리 파악해 설계요소에 반영했어야 했다.

　　2009 개정 교육과정에서 '창의와 인성을 강화하는 교육과정'으로 개정 강화된다. 창의적 체험활동 실시, 중학교 진로와 직업 신설은

중학교의 자유학기제 시행을 예고한 것이며, 이로부터 2013년 중학교 자유학기제가 시범 도입되고, 2016년 시행된다. 건축가들은 다양한 직업체험에 요구되는 실습교과교실들의 확충과 집약 조닝에 대한 대응을 설계요소에 반영했어야 한다.

2012년 부분 개정에서는 고등학교 사회, 실용경제가 신설된다. 단순히 사회, 경제 과목이 강조되는 것을 떠나 사회, 경제 지식을 국제 무대에서 경쟁할 수 있는 역량을 키운다는, 국제화를 강화한다는 의도를 파악하고, 이를 설계요소에 반영해 외국어교실과의 인접 조닝 및 연계로 반영했어야 한다.

2015 개정 교육과정에서는 '인성교육 강화를 위한 교육 목표 개선'과 함께 집중이수제 개선과 학교스포츠클럽 활동 교육과정 반영을 발표한다. 이로써 국·영·수에 집중되던 이수방식을 정상화시키고 학생들의 체력증진과 인성교육을 위한 스포츠활동을 강화시키는 의도를 반영해 체육관, 소규모체육관, 무용실 등에 대한 변화와 설계 대비를 했어야 한다.

2015 개정 교육과정에서
설계요소를 직접 찾아보자

표. 2015 개정 교육과정과 설계요소

구분		2015 개정	설계요소
교육과정 개정 방향		창의융합형인재 양성 모든 학생이 인문·사회·과학기술에 대한 기초 소양 함양	
총론 공통사항	핵심역량반영	총론 '추구하는 인간상' 부문에 6개 핵심역량 제시 교과별 교과 역량을 제시하고 역량 함양을 위한 성취기준 개발	
	인문학적 소양 함양	연극교육 활성화 (초·중) 국어 연극단원 신설 (고) '연극'과목 일반선택으로 개설 독서교육 활성화	-시청각실, 표현의 무대 -도서실
	소프트웨어교육 강화	(초) 교과(실과) 내용을 SW 기초 소양교육으로 개편 (중) 과학/기술·가정/정보 교과 신설 (고) '정보'과목을 심화선택에서 일반선택 전환, SW중심개편	-컴퓨터실, EBS Cafe -스마트교실 시스템
	안전교육 강화	안전 교과 또는 단원 신설 (초1~2)「안전한 생활」신설(64시간) (초3~고3) 관련 교과에 단원 신설	-안전교육 체험공간
	NCS 직업 교육과정 연계	교육과정 구성의 중점 등에 반영 진로선택 및 전문교과를 통한 맞춤형 교육, 수월성 교육 실시	-동아리실, 실습교과교실
고등학교	국·수·영 비중 적정화	기초 교과(국·수·영·한국사) 이수단위 제한 규정(50%) 유지 (국·수·영 90단위 → 84단위)	-실습교과교실 집약 조닝
	특성화고 교육과정	총론(보통교과)과 NCS 교과의 연계	
중학교	자유학기제 편제 방안 개선	중학교 '교육과정 편성·운영의 중점'에 자유학기제 교육과정 운영 지침 제시	
초등학교	초1, 2 수업시수 증배	주당 1시간 증배, '안전한 생활' 신설 창의적 체험활동에서 체험 중심 교육으로 실시	-안전교육 체험공간
	누리과정 연계 강화	초등학교 교육과정과 누리과정의 연계 강화(한글교육 강화)	-보육시설, 유치원연계

2015 개정 교육과정은 현재도 주요한 골격이 그대로 적용되고 있다. 개정 방향은 창의융합형인재 양성과 모든 학생이 인문·사회·과학기술에 대한 기초 소양 함양을 목표로 한다. 총론의 공통사항으로 6개 핵심역량반영, 인문학적 소양 함양, 소프트웨어교육 강화, 안전교육 강화, NCS 직업 교육과정 연계 등을 제시하고 있다. 각 학교급별 대표 특징은 고등학교 국·수·영 비중 적정화, 특성화고 교육과정, 중학교 자유학기제 편제 방안 개선, 초등학교 초1, 2 수업시수 증배, 누리과정 연계 강화 등이다.

건축가들은 무엇을 고민해야 하나? 연극교육 활성화를 위한 시청각실, 표현의 무대, 연극실 확충 및 개선, 독서교육 활성화를 위한 도서실 확충, 소프트웨어교육 강화를 위해 컴퓨터실, EBS Cafe 확보 및 스마트교실 시스템으로의 전환, 안전교육 강화를 위해 안전교육 체험공간 확보, NCS 직업 교육과정 연계 지원 및 자유학기제 편제 방안 지원을 위한 동아리실, 실습교과교실, 선택교실 확대 및 조닝, 초등학교 누리과정 연계를 위한 보육시설 또는 유치원을 1, 2학년 교실 영역과의 연계 등을 설계요소에 반영해야 한다.

2022 개정 교육과정은
고교학점제를 위한 발판

    2022 개정 교육과정은 2015 개정 교육과정을 부분적으로만 개선한 교육과정으로 오는 2024년부터 단계적으로 시행된다. 4가지 중점사항을 제시하고 있는데, 첫째, 미래사회가 요구하는 역량 함양이 가능한 교육과정 개발, 둘째, 학습자의 삶과 성장을 지원하는 교육과정 마련, 셋째, 지역·학교 교육과정 자율성 확대 및 책임교육구현 넷째, 디지털·AI 교육환경에 맞는 교수·학습 및 평가체제 구축이다.

    초등학교는 정해진 교육과정 과목에 따라 수업을 이수했지만, 앞으로는 학생과 학부모의 요구에 따라 학기당 68시간 내에 과목을 선택해 이수할 수 있게 된다. 3학년부터 6학년 때까지 학년별로 2개, 총 8개의 과목을 선택해 배울 수 있게 된다. 또 2022 개정 교육과정에서는 디지털 소양이 강조되어 초등학교 실과 교과를 포함해 총 34시간 이상 정보와 관련된 수업을 하도록 권장된다.

    중학교는 자유학기제가 축소되 기존 170시간에서 102시간으로, 1년에서 1학기로 줄어든다. 축소된 자유학기제를 대신해 초등 6학년

2학기, 중등 3학년 2학기, 고3 수능 이후 학교급별로 다음 학년에 대한 이해를 돕고 진로를 탐색하는 진로 연계학기가 도입될 계획이다.

고등학교의 경우 2025년 고교학점제가 전면 도입되며 전체 수업시간이 2,890시간에 2,560시간으로 축소되며 교과별 이수단위가 '단위'에서 '학점'으로 학점당 시수가 50분 수업 17회에서 16회로 줄어든다.

그런데, 2022 개정 교육과정은 초등학교와 중학교 공간에 대한 변화는 요구하지 않는다. 큰 변화가 없다. 고등학교는 다르다. 2025년 모든 고등학교에 고교학점제를 전면 시행한다는 계획 아래 지금 시범적으로 실시되고 있다. 준비가 부족한 채로 시작되어 시행착오를 겪어야 하기 때문에 2025년에 온전히 이루어질지는 미지수이지만, 설계요소로의 대응은 비교적 간단하다. 2012년 시행되어 중·고등학교현장에 비교적 안착된 교과교실제를 바탕으로 대응하면 된다. 학생들의 학점별 선택교과목의 이수가 최대한 보장되도록 선택교실을 충분히 확보하고, 그 교실들이 한 영역에 집약 조닝되도록 설계에 반영해야 한다. 학생 이동 빈도가 더 높아질 테니, 복도를 학생의 교류 및 생활공간으로 전환해서 대폭 확대해야 한다는 것은 더 강조하지 않겠다.

고교학점제, 충실한
교과교실제와 실습교과교실

● 교과교실제 컨설팅 가이드(환경부문), 교과교실제 스페이스 프로그램 개발연구, 교과교실제 운영
학교의 교구·기자재 설치 및 가이드라인 개발연구

2007년 교과교실제가 우리나라에 처음 도입되면서, 학교건축학
자로서 교육부와 함께 학교현장을 지원하는 중책을 맡아 10여 년간
수행했다. 교과교실제 컨설팅 가이드(환경부문), 교과교실제 스페이이스
프로그램 개발, 교과교실제 운영학교의 교구·기자재 설치 및 가이드
라인 개발연구에 책임을 맡아 학교와 교육청의 실무자를 지원하였다.

교과교실제는 중학교와 고등학교에 모두 적용되는 학교운영방식이고, 너무나도 잘 알고 있으니 부가적 설명은 안 해도 되겠다. 중학교 자유학기제와 별개로 교과별 이동수업을 하면서 실습교과교실을 찾아가니 동일한 배경에서 고등학교에도 실습교과교실의 조닝과 공간구성을 설계에 주요하게 반영해야 한다.

'교수님, 고교학점제에 맞는 평면과 공간을 만들어 주세요'라는 요청을 받는다. "귀 학교는 교과교실제 방식인가요? 그러면 됐습니다. 학생들이 선택한 선택교과목 교실로 활용할 교실로 우선적으로 실습교과교실을 재정비 또는 추가로 확보하고, 선택교과교실을 확보하시면 됩니다. 더 이상 고민할 것이 없습니다." 그렇게 답변한다.

홈베이스보다 중요한
미디어스페이스와 교사연구실

● 충북 오송고등학교 수학교과, 충북 단양고등학교 사회교과,
충북 양청고등학교 국어교과, 부산 동항중학교 영어교과 미디어스페이스와 교사연구실

우리나라 중·고등학교에 적용된 교과교실제는 과연 모든 학교에 제대로 정착되었을까? 아마도 50% 이상은 실패했을 것이라 확신한다. 이유는 미디어스페이스와 교사연구실을 이해하지 못했기 때문이다.

학생이 수학 교사연구실에 찾아가서 질문을 하고 싶다. 그런데, 교사도 쉬는 시간에는 잠시 쉬기도 하고, 다음 수업준비도 해야 하고, 회의도 한다. 다른 교사에게 영향을 주지 않아야 한다. 그러니 교사연구실 밖의 장소에서 학생과 이야기한다. 그곳에는 학생과 이야기할 테이블과 의자가 있다. 교사가 참고하는 문제집과 참고서가 비치되어 있다. 학년별, 반별 시험문제와 모범답안, 과제 등이 게시되어 있다. 학생은 관련된 추가 정보를 스스로 찾아보기 위해 컴퓨터 앞에서 검색한다. 다음 수업을 기다리기 전에, 잠시 친구와 앉아서 수다를 떤다. 이러한 풍경이 펼쳐지는 곳이 바로 미디어스페이스이다. 즉, 모든 교과별로 각각 배치돼, 해당 교과의 정보를 서비스해 주는 공간이다. 그리고 바로 교사연구실에 인접해야 한다.

교과목 전체로 보면, 제법 넓은 면적이 필요하다. 그런데 학교에서는 각 교과교실 확충에만 심혈을 기울이니, 공간이 부족하다. 언뜻 보니 홈베이스와 비슷해 보이니, 미디어스페이스는 생략하고 통쳐서 하나로 만든다. 교사연구실은 최소한의 공간으로 제공된다. 가뜩이나 연구실도 좁은데, 점차 도떼기시장이 된다. 학생보다 교사들이 먼저 지친다. 교과교실제 하기 싫어진다. 그러면 그 학교는 실패한 것이다.

자신의 학교가 교과교실제가 실패했다면, 자유학기제를 충실히 운영하고 싶은 중학교라면, 고교학점제를 잘 정착시키고 싶은 고등학교라면 지금이라도 미디어스페이스와 교사연구실을 제대로 만들어야 한다.

변화와 GAP

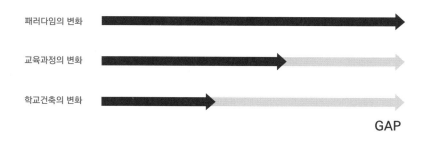

패러다임은 우리가 바꾸는 것이 아니다. 변화되는 것이다. 그리고 보여지는 것이다. 변화되는 과정이 보이지 않으니 관심이 없으면 우리는 그 변화 속도를 미처 느끼지도 못한다. 그래서 어느 날 불쑥 달라진 것을 보고 놀란다. 어린아이가 어느 날 보니 훌쩍 커져 있는 것처럼.

교육과정은 미래에의 대비를 위해 변화를 준비하고 그 실행을 계획하고 있다. 조금은 다행이다. 그러나 패러다임의 변화 속도가 너무 빠르고, 전혀 예상하지 못한 변수로 인한 변화가 잦아지고 있기 때문에, 지금의 교육과정은 언제나 구시대의 낡은 것처럼 보여진다.

그런데, 학교건축의 변화는 어떠한가? 패러다임의 변화 속도를 따라가는 건 고사하고, 교육과정 변화에 대한 대응도 전혀 기민하게 일어나지 않는다. 학교건축은 건물이고 시설이니 쉽게 변화하기 어렵다고 하겠다만, 건물 자체를, 외부 형태를 교육과정 변경될 때마다 바꾸라는 말이 아닌 것은 더 잘 알 것이다. 최소한 교육과정이 변경될 때, 학교의 사용자인 교사가 학생이 학교공간을 자유롭게 변경해 대응할 수 있는 새로운 그릇을 만들어 주면 되는 것이다.

그 GAP의 차이를 최소한 교육과정과 맞춰 나가는 노력은 해야 하지 않는가?

상호 간의 교류가
존중으로 바뀌는
공간에서
인성이 길러진다

학교에서 어떻게 인성교육 할 수 있는가?

각종 신설학교 설계공모지침에는 인성교육과 창의성교육을 지원하는 공간을 학교 내에 충실히 반영하라는 지침이 있다. 예전이나 지금이나 나를 정말 혼란스럽게 하는 말이다. 우선 두 가지 궁금증이 생긴다. 학교에서 어떻게 인성교육과 창의성교육을 하는가? 그리고 그런 교육을 지원하는 교실, 공간을 건축가가 만들 수 있는가?

인성을 교육하나? 교육으로 되는 것인가? 인성교육이라는 교과목에서 교사가 학생들에게 인성이 가장 중요하다면서, 인성을 잘 갖춰라 하면, 어른에게 인사 잘하고 친구와 싸우지 말고 배려하라 하면, 어려운 사람을 도와줘라 하면 인성은 교육되는 것인가?

학교에서 친구들과 사이좋게 지내고, 도와주고, 배려하고, 선생님들을 존경하는 태도와 자세는 선생님이 보는 앞에서는 가능할지 모른다. 그것이 인성이 학교로부터 교육되었다라고 말할 수 있을까? 자신과 가족을 사랑으로 대하는 가정교육으로부터, 우리 사회 일원으로서의 타인을 존중하는 행동과 배려로부터 자연스럽게 몸에 익혀지는 게 아닐까?

그러면 학교에서 학생은 다른 학생을 어떤 존재로 보고 있을까? 초등학교와는 달리 중학교, 고등학교로 올라가면서 혹시 친구보다는 경쟁자로 인식하지는 않을까? 성적에 의해, 순위에 의해, 나의 대학이, 나의 미래가 바뀔 수 있다는 강박에, 배려보다 성적경쟁이 치열한 곳에서 매일 같이 생활하니 그렇지 않을까?

다들 잘 알겠지만, 지금의 대학입시 방식, 좋은 대학과 좋은 회사가 성공이라는 우리의 사회적 인식이 쉽게 바뀔 수 있지는 않을 것 같다. 그러면 이런 상황 속에서도 우리 학생들이 학교 내에서 서로를 돕고, 배려하고, 예의 있게, 즐겁게 생활하는 장소에 있게 해준다면, 그런 걱정은 조금 줄어들지 않을까?

학교에서 어떻게 인성교육 할 수 있는가라고 물음을 던졌지만, 그런 장소가 학교 내에 있다면 혹시 학생들의 인성이 키워지는 데 조금이라도 도움이 되지 않을까 되묻는다.

어떤 교실에서 학생들은 서로 돕고, 배려하고, 예의 있게, 그리고 즐겁게 생활하는가?

우리 학생들은 어떤 교실에서 좀 더 서로 돕고, 배려하고, 예의 있게, 그리고 즐겁게 생활하고 있을까? 상대적으로 성적경쟁이 적은 그러한 교과목에서는 그럴 것 같다. 내신성적의 비중과 대학입시에 큰 영향을 주지 않는 교과목들에서는 그럴 것 같다. 아마도 주로 음악, 미술, 기술, 가정, 체육 교과목 등일 것이다.

학생들의 개인별 성향과 좋아하고 싫어하는 교과목이 서로 다르니 이렇게 단정할 수는 없다. 하지만 이러한 수업시간에 그 교실로 들어가는 학생들은 경쟁에 대한 스트레스는 덜하겠지 하고 들어갈 것이다. 어둡고 힘든 표정보다는 밝은 표정, 짜증 섞인 목소리보다는 즐거운 웃음, 다툼보다는 정겨운 장난이 가득한 분위기 속으로 들어갈 것이다.

그런데, 이러한 교실들이 지금 우리 학교에서는 어떤 대접을 받고 있을까? 아니, 학교를 설계하는 건축가들은 이 교실들을 어디에 배치하고 있을까? 당연하듯이 국어, 영어, 수학 교실을 가장 좋은 위치에 두고, 수업시수가 적어 자주 이용되지 않으니, 소음이 있으니, 아니 대학입시에 중요하지 않으니, 더 뒤로, 멀리, 구석에, 그리고 남는 곳에 배치하고 있지 않은가?

아니다. 음악, 미술, 기술, 가정 등과 같은 실습교실을 학생들이 즐거워하며, 편하게 찾아오도록 학교의 중심적 위치에 집약적으로 조닝 배치하고 그 공간을 제대로 만들어 주어야 한다. 이러한 공간을 풍부하고 화려하게 만드는 것에 더 많은 예산을 사용해야 한다.

정말 즐거운 기분으로 큰 소리로 밝게 웃는 학생들의 얼굴과 목소리에, 내 친구를, 그리고 서로를 돕고, 배려하고, 예의 있게 대하는 태도가 묻어난다. 그래서 인성이 북돋아지게 된다. 지금까지 관행적으로 당연하다고 여겨졌던 학교설계 접근방법을 완전히 바꾸어 버리는 이런 설계가 아이러니하게도 진정한 공간혁신이다.

중학교 자유학기제와 실습교과교실

○ 진로탐색중점 모형 (1)					
요일 시간	월	화	수	목	금
1					
2			기본교과(22시간)		
3					
4					
5					
6	진로	선택 프로그램	동아리	예·체	진로
7					
※ 진로탐색 5+선택프로그램 2+동아리 2 +예술·체육 3=12시간					

○ 진로탐색중점 모형 (2): 전일제 체험					
요일 시간	월	화	수	목	금
1			전일제 진로체험 (자유학기 동안 2회 이상 실시)		
2	기본교과 (19시간)				
3					
4					
5					
6		선택 프로그램		예·체	동아리
7					
※ 진로탐색 6+선택프로그램 3+동아리 2 +예술·체육 3=14시간					

(중학교 자유학기제 수업시간표 예시, 교육부)

자유학기제는 중학교 교육과정 중 한 학기 동안 학생들이 중간·기말고사 등 시험부담에서 벗어나 꿈과 끼를 찾을 수 있도록 진로탐색 등 다양한 체험활동이 가능하도록 교육과정을 유연하게 운영하는 제도이다.

교육부 예시처럼, 대부분의 중학교는 학생 선택프로그램활동, 동아리활동, 예·체능활동, 진로탐색활동 등을 운영하고 있다. 이 프로그램활동들이 실습교교실에서 진행되는데, 아쉽게도 학교 내에는 그 공간이 충분치 않다. 그리고 진로탐색활동은 실제의 직업을 경험하거나 누군가에서 시연을 받아야 하는 특징상 지역 교육청이나 지자체에서 운영하는 진로·직업체험관 또는 연수원을 찾아가 체험하는 게 일반적이다.

그런데, 한 학기에 한 번 찾아가서, 긴 줄을 서서, 이것저것 짧게 체험해 보고 와서 진로를 탐색했다는 것은 누가 봐도 우습다. 그렇게 찾은 진로는 아마도 다른 체험관에서 다른 체험을 해 보는 순간 바로 바뀐다. 10여 년 이상 대학교 1학년 학생들을 상담하면서 자신의 진로를 결정하는 데 이런 식의 경험이 있었다는 이야기는 한 번도 들은 바가 없다. 진지하게 오랫동안 다양하게 고민하게 해야 한다. 그렇다고 학교 외부로 자주 내보내기에는 비용과 학생 안전 지도 측면에서 곤란하다. 그러니 학교 내에서 어느 정도 그런 경험을 할 수 있도록 도와주어야 한다. 그러니 그런 활동을 소화할 수 있는 성격의 실습교과교실 및 다목적공간 등을 학교 내에 충실히 갖추어 가는 것이 역시 필요하다.

지역과 연계된 공간에서
학생은 인성을 키운다

● 일본 나고야 이나베시 이시구레 소학교의 주민 볼런티어의 진로체험 모습

    실습교과교실을 충실히 확보하는 한편, 교사들은 정규 수업 및 행정업무 등으로 그 역할을 병행할 수 없어 진로탐색 프로그램을 교육해 줄 외부의 도움을 받아야 하는데, 역시 비용 문제와 검증되지 않는 외부인을 학교에 함부로 출입시킬 수 없으니, 방과 후 교사를 적극 활용하는 것과 함께 학교 주변의 커뮤니티와의 연계가 필요하다.

    일본 나고야 이나베시 이시구레 소학교의 진로탐색 프로그램은 1

학기 초 자신의 직업을 학생들에게 소개하고 싶은 지역의 학부모, 주민들을 대상으로 볼런티어를 모집한다. 하루도 안 되어 마감된다고 하니, 대단한 인기와 협조가 아닐 수 없다. 이 지역주민들이 예정된 스케줄에 학교에 와서 학생들에게 자신의 직업을 진지하게 소개하고, 학생들에게 체험하도록 해 준다. 그 결과를 모아 연말에 전시한다. 학생들은 다양한 직업도 체험하지만, 지역의 어른들에게 예절도 배워 나간다. 직업의 귀천 없이 소중함을 알고 사회의 일원으로서 함께 살아가는 것을 배운다. 지역과 함께 인성을 키워 가는 것이다.

이 프로그램은 우리 자유학기제와 유사하면서, 시사하는 바가 크다. 우리도 학교의 노력에 더해 지역 커뮤니티의 협조를 활용할 수 있다. 자유학기제는, 꿈과 희망, 진로를 찾는 측면에서 유의미하고 바람직하지만, 인성을 키우는 것에도 도움을 받을 수 있다.

지역과 연계된 공간과 지역주민을 통한 교육에서 우리 학생은 인성을 키운다.

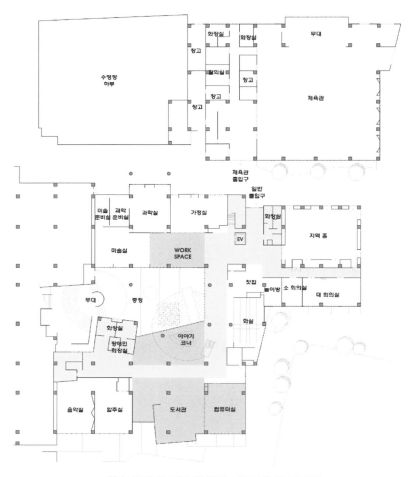

● 일본 나고야 이나베시 이시구레 소학교 1층 조닝 및 배치

　　지역주민이 학생들의 진로체험을 위해 학교로 출입한다. 그 체험
은 주로 실습교실에서 이루어진다. 그런데, 그 실습교실들이 이곳저
곳에 분산되어 있거나 여러 층에 배치되어 있다면 어떻게 될까? 아
무리 검증된 지역주민이라도 학교 내 건물 여러 곳을 활보하는 상황

이 될 테니, 여간 신경 쓰이는 일이 아니다. 그러면 그러한 실습교실들이 한곳에 모여 있다면 어떨까? 2, 3층으로 올라가지 않도록 언제나 1층에만 있게 하면 어떨까?

이시구레 소학교의 1층 평면을 보자. 가정실, 과학실, 미술실이 워크스페이스를 공유하면서 한 공간으로 조닝되어 있다. 음악실은 합주실과 가창실로 나누어서 1층에 위치한다. 지역주민들이 학교에 들어오면 대기할 수 있는 지역홈과 회의실, 학생들에게 예절을 교육하는 우리나라 예절실 격의 화실(다다미실)이 있다.

● 지역홈 및 지역주민 휴게공간, 다실 및 화실, 워크스페이스와 가정실

　　진로 및 진로체험을 위해 사용되는 다양한 실습교실이 모두 1층에 위치한다. 우리가 1층에 관습적으로 배치했던 공간이나 실들은 단 한 실도 없다. 그리고 음악, 미술, 기술, 가정 등과 같은 실습교실을 학생들이 즐거워하며, 편하게 찾아오도록 학교의 중심적 위치에 집약적으로 조닝 배치하고 그 공간을 제대로 만들어 주어야 한다는 나의 주장과도 부합된다. 건축가들은 꼭 명심할 일이다.

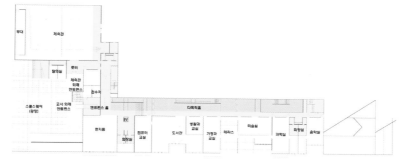

● 일본 교토 미나미 야마시로 소학교 1층 실습교과교실 조닝 및 배치

● 외부 진입 램프, 교사동 정면, 1층 다목적홀, 2층 보이드

일본 교토 미나미 야마시로 소학교는 아주 깊은 산속에 위치해 있다. 젊은이들이 다 떠나 학교가 폐교 위기에 처해지자, 마을 사람들은 수십 번의 회의를 통해, 아이들을 다시 도시에서 돌아오게 하려면 일본 최고의 학교가 있어야 한다고 결론을 내리고 자신들이 선정한 영국 건축가 리처드 로저스에게 설계를 맡긴다. 이 학교를 세계적인 영국 건축가 리저드 로저스가 설계했다는 사실은 이 학교의 층별 배치 구성만큼 놀랍다.

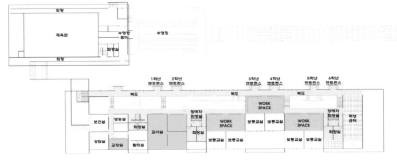

● 일본 교토 미나미 야마시로 소학교 2층 일반교실, 행정영역 조닝 및 배치

● 2층 복도, 1층 가사실, 1층 기술실, 1층 미술실

　　1층 엔터런스 홀로 진입하면, 1층 전체 끝까지 연결되며, 통행, 휴
게, 교류, 전시 등이 다양하게 펼쳐지는 7.0m 폭의 다목적홀이 시원
하다. 런치룸, 컴퓨터실, 도서실, 생활과 교실(다다미실), 가정실, 미술
실, 과학실, 음악실, 체육관이 1층에 있을 뿐이다. 2층에는 보건실,
상담실, 교장실, 교무실, 그리고 학년별 일반교실이 조닝된다. 우리가
알고 있는 그 배치와는 완전히 다르다.

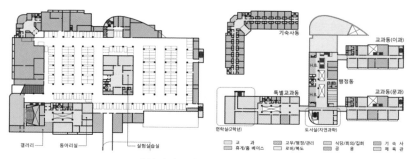

● 충남 삼성고등학교 지하층과 4층 조닝
도면: 학교+플러스, p.157, 163

● 충남 삼성고등학교 지하 모빌리티 공작실, 목공실, 4층 그래픽디자인실

충남 아산 탕정산업단지에 위치한 충남 삼성고등학교는 삼성그룹 계열사 및 충남지역주민의 자녀 교육을 위해 설립된 자립형사립고이다. 지하 전체가 대규모 주차장으로 조성되어 있고, 지하층에 기술계열 실습교실과 동아리실이 위치한다. 동력기반의 모빌리티 공작실, 목공 실습 위주의 목공실, 그리고 가사실습실이 구비되어 있다. 4층과 5층에는 미술실습실 및 별도의 컴퓨터그래픽실이 위치해 학생들의 다양한 흥미를 자극한다.

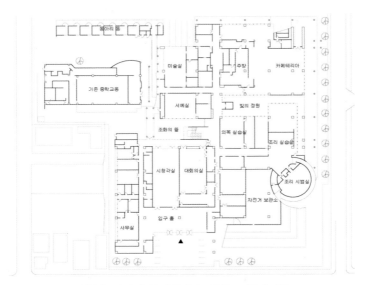

● 일본 후쿠오카 나까무라 여자 중·고등학교 기준 층 배치

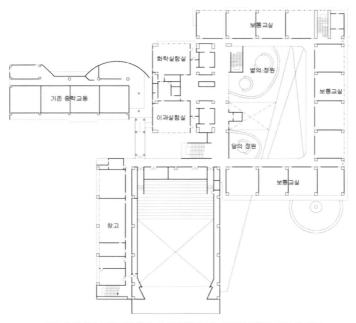

● 일본 후쿠오카 나까무라 여자 중·고등학교 1층 가정실습공간 조닝 및 배치

● 일본 후쿠오카 나까무라 여자 중·고등학교 1층의 조리시범실, 조리실습실, 카페테리아

　　일본 후쿠오카의 나까무라 여자 중·고등학교는 아주 오래된 사립학교이다. 1층의 가정실습공간의 조닝은 여학교의 특성이 있다고 하지만, 전혀 예상할 수 없는 배치이다. 학교 진입구 정면에 위치한 원형 아고라 같은 조리시범실에서는 교사와 전문 요리사가 학생들에게 직접 시범을 보인다. 바로 인접해 있는 조리실습실에서 학생들은 다양한 요리 실습을 하고, 조리된 요리를 카페테리아에서 학생과 교사들이 식사할 수도 있다. 그 외 역시 1층에는 가정실습공간과 함께 미술실, 서예실, 의복실습실, 시청각실, 대회의실 등의 파격적인 조닝으로 구성되어 있다.

상호 간의 교류가 존중으로
바뀌는 활력적 공간

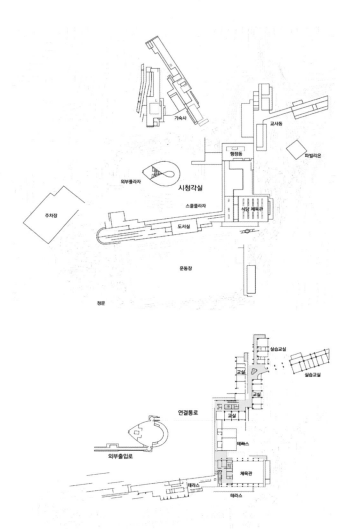

● 일본 교토 미호 미학원 중등교육학교 중앙 1층 시청각실, 출입구 및 접근 동선

● 일본 교토 미호 미학원 중등교육학교 시청각실 외부, 외부 출입구, 회랑, 전실, 내부 모습

　　일본 교토 미호 미학원 중등교육학교는 중국계 미국인 건축가인 아이엠 페이(I.M.Pei)가 학교 중앙에 위치한 시청각실을, 일본인 제자가 그 외 학교 전체를 함께 설계했다. 교토 깊은 산속에 위치한 이 사립 학교는 우리가 알고 있는 학교 배치의 틀을 보기 좋게 파괴한다. 버스를 타고 높은 산을 올라 주차장에 내려 조금 걸으면, 운동장이 보인다. 운동장 앞에 있는 처음 만나는 건물은 도서실이다. 그리고 체육관과 식당이 옆에 놓인다. 회랑을 따라 올라가면 행정동, 우측에 치우

쳐 교실동이 있다. 기숙사는 좀 더 깊은 좌측에 치우쳐 있다. 학생들이 공부하는 것도 중요하지만 책을 읽고, 운동하고, 놀고, 잘 먹고 건강하게 자라는 것이 미래의 재산이 된다고 믿는 학교의 건학철학이 고스란히 학교 배치에 반영된 우직하지만 존경스러운 디자인이다.

왜 시청각실을 별동으로 학교 중앙에 배치했을까? 학생들은 레벨 차로 인한 외부의 독립 출입구 또는 행정동 지하 레벨 출입구에서 시청각실로 접근할 수 있다. 좁고 긴 창이 없는 회랑을 따라 진입할 때 학생들은 조금은 긴장한다. 빛이 들어오는 전실에 들어오면 상부의 밝은 빛을 만난다. 좌측으로 마치 고급 호텔 사우나실에 있을 법한 신발장과 사물함에 신발과 외투나 가방을 보관하고, 필요한 물건을 가지고 시청각실로 들어가면 목재로 마감된 환상적인 시청각실로 들어간다.

학교의 중요한 행사나 외부 유명인의 초청강연, 졸업생과의 만남, 지역주민과의 교류, 학생들의 발표회 등이 모두 이 장소에서 이루어진다. 얼마나 근사하고 활력적인 공간인가? 이러한 공간을 배려받은 학생은 얼마나 존중받고 있는지 느낄 것이고, 고마워할 것 같다. 본인이 존중받는다고 느끼는 이러한 공간에 들어갈 때는 본인 스스로도 예의를 갖추고 들어가려고 할 것이다. 그리고 그 공간에 함께 있는, 옆에 있는 친구들을 어떻게 바라볼까? 서로 배려하고 존중해 주지 않을까?

상호 간의 교류가 존중으로 바뀌는 활력적 공간에서 인성이 길러진다.

학교는 학교다워야
한다! 한다?

건축가들로부터 시작된 선입견과
학교건축의 획일화

학교에서 인성교육이 가능한가? 그리고 인성교육 공간이 있을 수 있는가라는 질문처럼, 창의성교육 역시 어떻게 할 수 있나? 그리고 창의성교육 공간 역시 있을 수 있는가라는 질문을 한다.

학교는 학교다워야 한다라는 의견에 전혀 동의하지 않는다. 학교는 학교다워서는 안 된다. 큰일 날 소리 아닌가? 그렇다. 당연히 학교가 수행해야 하는 기능은 학교다워야 한다. 그러나 학교건축은 그래서는 안 된다는 의미이다.

정확히 말해, 학교건축은 학교건축다워야 한다는 의미는 학교는 늘 그렇게 비슷하다는 의미이다. 공간도 마찬가지, 형태도 거의 다 비슷하다는 의미이다. 그러다 보니, 학교는 다 그렇게 비슷한 모습으로 지어진다. 학교는 학교급별로, 수용 규모별로, 설립목적별로, 지역별로 공간이 다 다르다. 그러니 형태도 다 다를 수밖에 없다. 그렇지 않다는 건 무얼 의미하는가? 그저 단순히 축소, 확대를 통해 학교가 카피되어 왔다는 것을 의미한다. 공사비, 시공성, 유지관리성 등의 이유로 그래도 된다고, 그것이 차선이라고 건축가들이 생각한다. 그것이 건축가들이 가지고 있는 학교건축에 대한 선입견이다.

건축가들이 만들어 놓은 똑같은 초·중·고등학교에서 학생들은 오랜 시간 생활한다. 자연히 학생들은 학교는 다 그렇게 생겼다는 걸 너무나 자연스럽게 받아들인다. 경험이 학습되고, 생각이 고정되어 버린다. 그런데 독특하고 차별적인 공간과 형태를 가진 학교를 다닌 학생이라면 어떨까? 이런 형태도, 공간도, 장소도, 색상도, 재료도 가능하구나라는 학교건축 디자인의 다양함을 생각하고, 그렇다면, 이런 것도 가능하지 않을까라고 사고의 범위를 넓힐 수 있다. 어린 시절부터 창의적인 생각이 보다 넓어지게 된다.

'학교건축이 학생들의 창의성을 키운다'는 과장이 아니다. 그런 환경과 경험 속에서 창의적인 사고의 폭이 넓어지는 간접적인 영향을 줄 수 있다는 것이다. 건축가들은 그런 생각을 한 적이 있는가? 자신들이 학생들의 창의적인 사고의 폭을 좁히는 데 오랜 기간 아주 심각한 영향을 주고 있었다는 사실을.

학교는 학교다워야 한다라는 선입견은 건축가들이 가지고 있었다.

● 일본 오사카 시텐노지대학 부속 후지이테라 소학교 외관

　일본 오사카 시텐노지대학 부속 후지이테라 소학교는 다양한 형태와 크기의 알코브가 돌출되어 입체감과 인상적인 입면을 보여 준다. 그런데 공간이 훨씬 더 재밌다. 노란색 부분은 계단실과 출입구이다. 파란색 부분은 학년별 교사연구실이다. 어린 학생들의 공간에 대한 인지성과 식별성을 높여 주는 데 도움이 된다. 붉은색 부분은 한 학년마다 한 교실씩 주어지는 알파룸이다. 교실명이 없다. 시간표도 없다. 교사가 학생들과 갑자기 이런 수업을, 체험을 하고 싶거나, 영화를 보거나, 만화를 보거나, 게임을 하거나, 심지어 그냥 쉬고 싶거나, 잠자고 싶다고 생각하면, 누구나 우선적으로, 자유롭게 사용할 수 있다.

　이 학교를 다닌 학생들이 공간에 대한 기억과 생각은 다를 것이다. 상상하는 모든 것이 가능하다고 믿게 된다. 직접 보고 그 경험을 했으니 말이다. 이러한 학생들의 창의적 사고는 그렇지 않은 학교를 다닌 학생들과 비교해 훨씬 더 자유스러울 것이다.

● 일본 도쿄 미나토 구립 시로가네노오카 소·중학교 전경 및 단면 개념

일본 도쿄 미나토 구립 시로가네노오카 소·중학교는 도쿄의 신흥 중심지인 미나토구에 위치한 초·중일관교육학교이다. 주민들의 의견을 수렴하여 2개의 초등학교와 1개의 중학교를 통폐합하는 방식으로 신설하게 되었다.

설계의 콘셉트는 학생과 학교, 지역의 연속적인 성장을 의미하는 '띠'를 모티브로 했다. 도로에 면하는 저층부와 쌓여진 적층의 고층부로 구성되어 있으며, 저층부와 고층부는 성장하며 오른다는 의미를 담은 배움의 대계단으로 연결되어 있다. 건물 외부 전체에 리본 모양의 외부 발코니를 설치하여 상하층을 연결함으로써 저층과 고층부 모두에서 교실과 운동장의 연계를 실현하였다.

● 일본 도쿄 시라우메학원 고등학교, 일본 후쿠오카 마이쯔루 소·중학교,
도쿄 가와사키 시립 가와사키 고등학교·부속중학교

    일본 도쿄 시라우메학원 고등학교의 외부는 단순해 보이는 흰색의 수성페인트와 알루미늄 패널 마감이지만, 오사카 시텐노지대학 부속 후지이테라 소학교의 다양한 색상의 알코브와 유사하다.

    후쿠오카 마이쯔루 소·중학교는 교실의 모듈과 그 모듈을 둘로 나눈 통창의 정면 구성이 독특해 언뜻 보면 학교 같지 않고, 호텔이나 오피스빌딩처럼 보이는 입면의 차별성이 돋보인다.

    가와사키 시립 고등학교·부속중학교는 중·고 통합운영학교로서, 주변은 저층의 주택가, 공원, 체육시설 등이 위치한다. 학교의 정면과 주출입구는 교통량이 많은 4차선 도로에 접해 있어, 도시 가로변의 소음 차단과 채광을 해결하고자 더블 스킨의 외벽 공법을 도입하고 도시환경과 조화를 이루며 독특한 학교의 정면성과 상징성을 차별화시켰다.

학교가 요구한
공간이 아니다

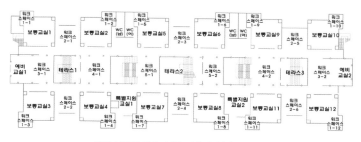

● 일본 나고야 기후 소학교 2층의 창의적 교실공간

 1999년부터 학교건축 공부를 하면서, COVID-19로 인해 지난 2년간은 가지 못했지만, 매년 일본의 학교를 답사하고 있다. 한 해에 두 번 이상 간 적도 있고, 한번 가면 보통 6개 학교를 보고 오니, 정말 많은 학교를 보러 다녔다.

 2014년에 갔던 나고야의 기후 소학교는 학교건축공간에 대해 건축가가 얼마나 고민하고 있는가라는 정말 중요한 고민을 하게 만들었고, 이 학교를 설계한 건축가의 창의적인 아이디어가 정말 몹시도 부러웠다.

● 기후 소학교 2층 교실 모서리에서 치우쳐 있는 기둥, 그곳에 열리는 벽과 문의 모습

2층의 교실을 보면 사각형 교실의 모서리에 당연히 있어야 할 기둥이 이상한 곳에 있다. 그런데 왜 그렇게 했을까? 건축가의 의도가 너무 궁금했다. 답사에 동행했던 건축가는 별거 아닌 듯이 그러나 사뭇 진지하게 대답했다.

사람의 시지각은 항상 보는 것에 익숙해지고, 그로 인해 공간의 크기를 한정해 버린다. 기둥이 있어야 할 자리가 비어지고, 그곳을 통해 공간이 추가적으로 더 연장되면 그 교실공간은 같은 크기이지만 시각적으로 훨씬 더 넓은 상태로 기억 속에 남게 된다.

학교가 교육청이 무언가 특별한 공간을, 학교를 요구한 것도 아니었다. 정말 그렇게까지 고민했구나. 건축가가. 한 번도 기둥을 이렇게 배치하겠다는 생각은 가져 본 적도 없다.

● 일본 데이쿄대학 소학교 교실의 전체가 열리는 폴리카보네이트 벽면

앞서 교실과 복도의 경계가 모호해지며 가장 중요하지만 중요한 변화가 이미 복도에서 시작되고 있다고 강조하였다. 우리나라는 1990년대 후반 일본을 참고하여 초등학교에 열린 교실이라는 개념을 적용하였다. 그러나 이 개념은 10년도 못 가 완전히 실패한다. 교실의 복도벽을 없애, 자유롭고 열린 교육을 지향하는 열린 교실을 만들고자 하였으나, 수업의 소음과 간섭, 학생들의 주의 결핍, 그리고 무엇보다도 교사들의 수업 침해에 대한 강한 반대에 좌초되고 말았다. 학교 내에 학생과 학생, 학생과 교사의 타인에 대한 배려와 존중이라는 측면보다도 하나의 사업으로 밀어붙인 결과였으리라.

벽을 완전히 100%를 여느냐, 아니면 부분적으로 여느냐는 매우 중요하다. 우리나라도 아마 부분적으로만 열리거나 개폐가 자유로운 방식이었다면 어땠을까? 그럴 경우 벽면이 움직여야 하니, 벽면과 문의 무게와 개폐 시의 기밀성이 매우 중요할 것이다.

일본 데이쿄대학 소학교는 교실 복도 측의 벽면 전체가 아주 가벼운 폴리카보네이트 문으로 구성되어 있다. 문들은 수평 방향으로 아주 기밀하게 맞추어지는데, 학생들도 쉽게 열 수 있도록 가볍다. 벽으로 완전히 막으면 소음은 차단되고 시각적으로 은은하게 비친다. 완전히 열면, 벽들은 모서리에 모여지고, 하나의 큰 거울처럼 인식된다. 교사는 학생들과 원하는 시간과 수업에서만 자유롭게 열고 닫는다.

일본도 모든 초등학교가 당연히 열린 교실 형태는 아니다. 우리나라와 같은 교실도 많다. 그들도 아마도 동일한 고민과 반대가 있었을 것이다. 건축가들은 이걸 해결하고자 노력했을 것이다. 그러다 보니, 이처럼 다양한 고민의 흔적이 독특하게 나타난다.

학교의 정면이 한 곳일까?

우리는 건물의 정면을 주 출입구가 있는 측을 주로 가리킨다. 학교는 대부분 남향이다. 그러니, 남측에 수평하게 긴 장방형의 건물이 배치되고, 그 앞으로 운동장이 배치된다. 그래서 학교의 정면은 운동장에서 바라본 모습이 된다.

그런데, 이 정면을 누가 보는가? 지나가는 보행자나 주변에 살고 있는 사람들은 정문으로부터 제법 거리가 있어서 눈여겨보기 어렵다. 결국, 운동장에서 운동하는 학생들이 주로 보는 대상이 될까?

학교건물의 뒷면을 본 적이 있는가? 대부분의 학교설계는 정면의 모습에는 여러 디자인 요소를 가미하는데, 뒷면은 복도 측이다 보니 아주 단순하게, 그리고 경제적인 측면에서 디자인이 마감된, 아쉽게도 단순한 외관의 모습으로 끝나 버린다. 그런데, 이 뒷면은 학교 주변의 높은 아파트단지에서 아주 잘 내려다보인다. 운동장 확보를 위해 교사동을 북측으로 바짝 붙인 탓에 북측 도로변에서도 아주 가깝다. 지나가는 사람들이 손쉽게 볼 수 있다. 그런데 볼 게 없다. 그래서 학교의 형태와 외관은 더욱 무미건조하다는 비평을 받는다. 일반인들이 학교의 모습이 획일적이라고 하는 비평도 여기에서 기인하는 측면도 크다.

나는 학교를 계획할 때, 정면도나 배면도라고 하기보다는 운동장 측의 정면, 북측 도로 측의 정면이라고 한다. 그리고 두 곳의 입면을 모두 다 동일하게 중요하게 여기고 디자인 요소를 반영하려고 한다. 학교의 정면은 학생들이 주로 보는 곳, 한 곳만이 아니고, 주민들이 더 자주 보는 뒷면도 있기 때문이다.

● 주변 아파트단지에서 잘 내려다보이는 하늘에서 본 세종시 새롬고등학교의 모습
사진: ㈜간삼건축종합건축사사무소

세종시 새롬고등학교의 기본계획설계(실시설계 전체와 준공까지 ㈜간삼건축종합건축사사무소가 진행하였다)를 할 당시, 이러한 고민을 진지하게 반영했

다. 운동장 측에서 바라본 정면에는 교과별로 조닝된 영역을 좌·우에 클러스터링하고, 중앙에는 미디어스페이스와 홈베이스 영역으로 나누어 세 매스로 보이게 디자인했다. 북측 도로변에서 본 정면에도 교사동 매스와 결합된 체육관 건물을 입체적으로 두드러지게 배치하고, 학생이 중심적으로 모이는 도서관을 중심에 두고 역시 운동장 측면과는 다르지만 세 매스 형태로 보여지도록 마무리했다. 세종시 건축조례에 의해 세종시에 설립되는 학교건물은 형태, 재료, 색상 사용에 일정 수준 이상의 제한을 받는다. 그래서 최초 디자인과는 다른 모습으로 최종 완공되었지만, ㈜간삼건축종합건축사사무소의 적극적인 협의와 설득으로 인해 설계 및 디자인 의도는 그대로 전달되었고, 내부공간은 전혀 바뀌지 않아서 그나마 다행이었다.

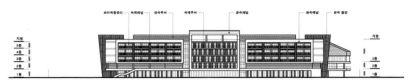

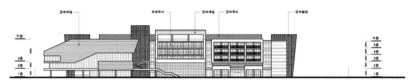

● 세종시 새롬고등학교의 운동장 측 정면과 북측 도로변 측의 정면 초기 디자인

● 최종 완공된 세종시 새롬고등학교의 운동장 측 정면과 북측 도로변 측의 정면
사진: ㈜간삼건축종합건축사사무소

새롬고등학교의 다목적강당은 대지 형태가 남북으로 짧았던 이유로 별동 계획 후 브리지로 연결하지 않고, 본 건물에 붙여 하나로 계획했다. 전실 설치와 방음재 적용으로 진동과 소음에 대한 대비는 충실하게 하였다. 다목적강당의 무대 뒷면에는 음악실을 배치했다. 음악수업에서 발생할 수 있는 소음을 최소화하고, 음악수업이 없는 경우 슬라이딩 도어가 열려 강당 전체와 연계된 공간으로 활용된다. 행사나 공연 시에는 아주 깊은 대형 무대로 활용되거나 준비실로서도 충분한 역할을 한다.

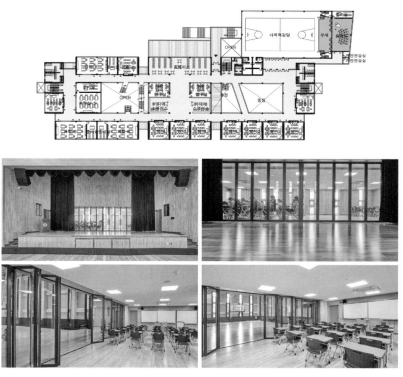

● 다목적강당 무대 뒷면의 음악실, 수업이 없는 경우 슬라이딩 도어가 열려 강당 전체와 연계된 모습
사진: ㈜간삼건축종합건축사사무소

학교의 시청각실은 극장처럼 중요해졌다

● 세종시 새롬고등학교 시청각실
사진: ㈜간삼건축종합건축사사무소

사실 우리 학교들에서 그 사용 빈도가 가장 낮은 시설 중에 하나를 꼽자면 시청각실을 들 수 있다. 90년대부터 A/V교육이 현장에 정착되면서 학교마다 의무적으로 설치되었던 시청각실은, 무선통신 시대가 더욱 가속화되면서, 연간 특별한 행사를 위해서만 사용되는 시설로 간주되었고, 최근의 학교에서는 그 규모를 아주 최소한으로 만들고 있기도 하다.

그러나 2015 개정 교육과정의 중요한 변화 내용 중 하나인 인문학적 소양 함양을 위한 초·중·고의 연극교육 활성화를 지원하고, 학생들의 적극적인 발표와 토론 수업 등의 유도, 외부와의 교류행사 진행 등을 위해서도, 극장이나 시청각실 등의 충실화는 더욱 필요해졌다.

교토 미호 미학원 중등교육학교를 보고 온 탓에, 그리고 표현의 무대를 완벽하게 학교에 해석해 보기 위해서, 별동으로 대형 시청각실을 계획했다. 교육청과의 협의에서 도무지 이견이 좁혀지지 않아, 결국 실내에 배치하는 것으로 조정되었다. 그러나 그 역할과 규모는 타협하지 않아, 최소한 한 학년을 모두 수용할 수 있는 교실 5.0실에 가까운 공간으로 계획하였다.

창고와 기자재실은 넓으면 넓을수록 좋다

● 세종시 금남초등학교와 일본 도쿄 도시마 구립 이케부쿠로 혼쵸 중학교 교구기자재실

 학교 학교현상공모 지침의 스페이스 프로그램을 볼 때마다, 가장 문제가 크다고 생각하는 것 중에 하나가 바로 창고의 규모이다. 심지어 1.0실 정도의 규모가 배정된 경우도 있었고, 지금까지도 내가 본 것으로는 3.0실을 넘는 경우는 정말 하나도 없었다. 교육청에서 한정된 사업예산에 맞추다 보니 더 중요하다고 간주하는 시설들에 우선 배정이 있어 그랬다고 하겠지만, 학교 내 사용자의 입장에서 본다면 정말로 심각한 문제이다.

 스페이스 프로그램에 맞추어 설계를 진행한 설계사무소는 나중에 스페이스 프로그램보다 몇 배나 큰 창고 면적을 요구하는 학교 측 입장 때문에 당황하기 일쑤다. 그러나 꼭 반영해 주어야 한다. 학교에서는 정말로 많은 기자재나 교구, 폐기예정인 물품들이 매해 쌓인다. 보관하지 않으면, 외부에 방치돼 결국 버려지게 되니, 국가적 예산 낭비로도 이어진다. 공모지침에 적은 규모로 배정되었다 하더라도 건축가는 모든 설계적 역량을 동원해 합리적인 조닝으로 절약한 면적을 모아, 창고나 기자재실을 추가로 확보하는 데 진심으로 노력해야 한다. 이런 공간이 여유로운 학교가 사용자가 바라는 좋은 학교이다.

세종시 금남초등학교와 일본 도쿄 도시마 구립 이케부쿠로 혼쵸 중학교의 기자재실은 면적도 넓지만, 학생들의 수업 지원 및 교사들의 교구 준비에도 완벽하게 대응하도록 다양한 설비와 기재가 구성된 이상적인 사례이다. 새롬고등학교의 시청각실을 계단형으로 계획하니, 당연히 객석 하부의 공간은 창고로 활용하기에 충분하였다. 무려 4.0실의 창고를 한 실로 계획하였다.

도서실은 어디에
있어야 하고
공간구성은
어떻게 하는가?

독서는 창의성 함양에 기본이다

● 교토 사립 도우시샤 국제 중·고등학교의 도서실 및 종합미디어센터

위 사진은 컴퓨터실인가? 도서실인가? 과거 다양한 정보는 종이를 통해서, 책을 통해서 전달되었다. 지금은 어떤가? 그 종이의 비중은 갈수록 줄어들고, 전자책, 스마트기기 또는 인터넷을 통해 대부분의 정보가 전달된다. 특히 그러한 기기의 사용에 익숙한 어린 학생들의 경우에는 더욱 그렇다. 앞으로 패러다임의 변화가 가속되면 될수록 이러한 현상은 더욱 빨라질 것이다.

창의성은 교사가 가르쳐서 습득되는 것이 아니고, 다양한 경험으로부터 스스로의 사고가 넓어지고 유연해지면서 상상력이 자극되면서 키워진다. 직접 해 보거나 또는 직접 가서 보고 오는 것이 제일 좋은 연습이 된다. 그러나 여러 제약으로 인해 쉽지 않다 보니, 우리는 간접적 경험을 통하는데, 그 대표적인 것 중에 하나가 책을 읽는 것이다. 누군가의 선제적인 경험과 지식, 이론이 적혀있는 책을 읽는 것으로, 그 순간 그 사람의 입장에서 간접 경험을 한다. 이것이 차곡차곡 쌓이면 창의성 함양에 도움을 받는 것이다. 학교 내에서 그런 기능을 하는 곳은 도서실이다. 그래서 그곳은 학교 내에서 가장 중요한 곳이다. 공간구성도 가장 풍부하고 매력적으로 만들어 주어야 한다. 공간혁신의 주요 대상이 도서실이라는 것은 지금까지의 그 고민이 부족했다는 것을 방증하는 것이다.

● 일본 도쿄 도시마 구립 이케부쿠로 혼쵸 소학교 도서실과 컴퓨터실

● 충남 삼성고등학교 도서실과 정보검색센터

● 충북 오송고등학교 도서실과 정보검색센터

　　도서관의 공간구성은 어떻게 해야 하나? 종이를 통한 정보의 전달을 위한 과거 전통적인 기능의 도서실과 스마트기기 및 인터넷을 통한 정보의 전달을 위한 기능이 하나로 결합되어 조닝 및 재구성되어야 한다. 국어 독서수업 연계를 위한 강의용 공간도 부가되어야 한다. 그래서 도서실과 컴퓨터실, 또는 정보검색실 등은 하나의 장소에 또는 그룹핑되는 것이 바람직하다. 여전히 도서실과 컴퓨터실, 관련 기능의 공간이 별동으로 떨어져 있거나 전혀 연계되지 않게 설계된 안은 학교와 교육과정, 패러다임의 변화를 전혀 인지하지 못하고 있고, 말 그대로 트렌드를 전혀 반영하지 못하는 설계가 되는 것이다.

도서실은 교류와 만남의 장소이기도 하다

● 세종 참샘초등학교 1층 주 출입구의 도서실

세종 참샘초등학교에는 1층 주 출입구에 도서실이 하나 더 있다. 수업이 일찍 끝난 친구는 다른 반의 친구를 기다리고, 동생은 형, 언니를 기다린다. 앉아서 다른 친구와 이야기하거나, 책을 읽기도 하고, 그냥 파우치에 편하게 앉아 쉬기도 한다. 스마트폰으로 게임을 하거나, 컴퓨터 앞에 앉아 인터넷 검색을 하기도 한다. 수업이 끝난 이후만 그런 것이 아니다. 수업이 시작되기 전 일찍 등교한 학생들도 역시 그렇다.

도서실의 풍경이다. 도서실이란, 교류와 만남의 장소이기도 하다.

그런 도서실을 만들고 싶었다

● 카루이자와 카자코시학원 소학교 도서실과 1층 평면

    그런 도서실을 학교에 만들고 싶었다. 2000년대 초반 모 학교현상설계에 이러한 개념을 반영한 학교를 계획했다. 1층 주 출입구가 도서실이었다. 그곳을 통해 학교의 모든 공간으로 연결되는 계획을 제출했다. 결과는 꼴찌였다. 모 심사위원은 학교라는 공간을 전혀 이해하지 못한 형편없는 계획이라고 혹평했다.

카루이자와 카자코시학원 소학교는 2021년 10월에 개교한 사립학교이다. 일본의 어린이공간 건축의 대가인 센다 미츠루 어린이환경학회 회장(환경디자인연구소 대표, 도쿄공업대학 명예교수)의 설계이다. 학생들이 스스로 탐구하고, 배워갈 수 있도록 교사 전체가 라이브러리로 형성되어 있다. 이곳에서는 항상 학생들이 자연스럽게 책을 접하게 된다. 특별교실이라고 불리는 여러 교실은 책과의 관계 속에서 1층에 배치되고, 일반교실은 모두 2층에 위치하고 있다. 학생, 교사, 부모, 지역주민 등, 다양한 사람들이 섞여, 새로운 배움과 놀이가 만들어진다.

정말로 내가 그때 계획했던 디자인과 거의 유사하게 만들어졌다. 카루이자와 카자코시학원 소학교 도서실을 보고 일본의 학교가 이렇게나 부러웠던 적은 없었다.

지역 풍경의 중심인 아사마산을 바라보고 건물 볼륨, 내부공간 모두 그 축을 중심으로 부채꼴 평면으로 구성되어 있다. 아사마 축을 중심으로 도서실이 부채꼴로 확대되어 다양한 실습실(이과실, 기술가정실, 도공실, 공방을 배치한 존) 등 각 교실과 연결되어 원룸 형태의 공간을 형성하고 있다. 학습 시 아이들은 곧바로 책이나 공구 등을 이용할 수 있어 스스로 과제에 임하기 쉽게 하고 교과목 간 공간적 경계를 모호하게 만들어 교과목의 복합화를 촉진했다.

도서실 공간이 학교의 중심이며 그 안에 여러 기능의 교실이 있는 구성은 일본에서도 지금까지의 학교들에서는 볼 수 없던 큰 차이이다. 특히 책뿐만 아니라 학생들이 정서를 풍성하게 하기 위한 도구의 공간인 실습실을 도서를 통하여 연결 짓는 제안은 획기적이었다.

아이비리그대학 입학과 도서실

● 성남 국제학교 중·고등학교용, 초등학교용 도서실

2000년대 중반에 성남에 위치한 미국인 자녀 및 외국인 자녀들이 공부하는 성남국제학교(미국 교육부 산하 학교) 졸업생 수십여 명이 한번에 미국 아이비리그대학에 입학했다는 보도가 나오고, 어떤 학교이길래, 어떤 교과과정을 운영하길래 또는 건축공간적으로 우리나라와 어떤 차이가 있어 그런 결과를 냈는가 의아해하게 되었다. 교육부 관련자와 학회 관련자들이 학교를 방문하게 되었다.

솔직히 우리나라보다 우수하거나 차별적인 그런 것들은 거의 찾아볼 수 없었다. 그런데 초등학교용과 중·고등학교용으로 구분된 도서실은 그 규모나 보유 장서, 이용방식 등에서 우리나라의 일반적인 학교 도서관들과는 아주 확연한 차이를 보였다. 우리나라 대학의 도서실 수준과 비교되는 훌륭한 공간을 구성하고 있었다.

단순히 성적우수자들만이 아닌, 다양한 경험과 실적을 가진 학생들도 입학하는 미국 아이비리그대학들의 특성상 창의적인 사고와 경험이 쌓여지는 학창시절에 이 도서실들은 알게 모르게 그 중요한 기능을 담당했을 것으로 생각했다.

공간혁신보다 도서실이 훌륭하면 우리의 자녀들도 미국의 명문대학에 진학할 수 있다고 발표하면, 우리나라 학교의 도서실이 획기적으로 개선될까?

아이들이 누워서도 앉아서도
책을 보게 해 주자

● 일본 구마모토 야마가 소학교 도서실 내부와 컴퓨터실 모습

　　일본 구마모토 야마가 소학교는 목재로 만든 학교이다. 그래서 자연히 환경친화적인 학교이다. 도서실에도 가면 주요 부재는 당연히 목재이다. 도서실은 카펫과 러그가 깔려 있고, 앉는 의자보다 평상이 더 많다. 학생들은 털썩 앉아서, 엎드려서 또는 누워서 정말 편안

한 자세로 책을 본다. 그런데 학생들이 책을 찾기 어려우면 사서교사에게 도움을 청한다. 도서분류기호를 알려 주고, 찾아가라 하면, 아직 저학년은 생소해 서툴다. 교사가 아이디어를 냈다. 언어는 8, 문학은 9인데, 엄마 펠리칸이 8, 아기 펠리칸이 9라고 함께 알려 준다. 다른 번호도 각각의 엄마, 아기 동물이 있다. 아이들이 좋아하는 동물들을 찾아가는 재미가 있어, 도서실이 더 즐겁다. 그래서 이 학교는 아이 친화적인 학교이다.

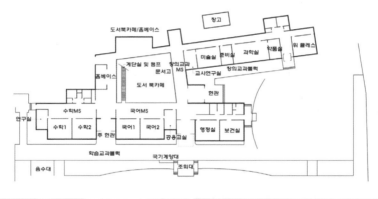

● 충북 괴산북중학교 1층 도서실

충북 괴산북중학교는 2012년 교과교실제를 전면 시행하면서, 리모델링을 진행하였다. 전면동과 후면동 사이를 부정형의 넓은 사각형 형태로 막아 학생들의 교류와 휴게의 중심이 되는 홈베이스와 도서실을 구성하였다.

이 지역은 겨울철에 제법 추운 지역이다. 교사들이 도서실에 난방을 할 수 없냐고 조심스럽게 상의해 왔다. 2층으로 오픈한 공간이라 더욱 추울 게 뻔했다. 상부에 탑라이트를 최대한 크게 설치해 가급적 빛을 많이 유입시키기로 하고, 1층 도서실 바닥 전체에 온수 파이프를 설치하고 난방설비를 갖추었다. 지금은 모르겠지만, 당시에는 이렇게 넓은 공간에 전국에서 최초로 시도되는 사례였다. 학생들은 학교가 끝나도 바닥에 누워서 장난치고 놀면서 집에 가기 싫다고 한다.

밝은 소음과 어두운 소음

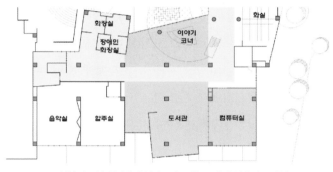

● 일본 나고야 이나베시 이시구레 소학교 1층 음악실과 도서실

이시구레 소학교를 건축가, 교수, 교감, 교육공무원들이 함께 방문해 1층을 둘러보던 중에, 한바탕 소란이 일었다.

도서실에서 책을 읽고 있는 학생들이 너무 소란스러웠다. 웃음소리도 크게 들렸고, 몇 아이들은 제법 큰 장난도 치며 놀고 있었다. 그런데 거기에 더해 바로 옆에 합주실과 음악실이 있었다. 방음설비가 되어 있는 것 같았지만 노랫소리가 도서관으로 들려왔다. 한 교감이 굉장히 놀라워하면서 정색을 했다. 아마도 학교에서 학생들을 지도하며 생활하고, 학교를 관리하는 장본인이어서 그랬던 것인지, 바로 옆에 우리를 안내해 주던 그 학교의 교감에게 물었다. 학생들이 도서실에서 왜 정숙하지 않고 너무 시끄러운 게 아닌지? 그리고 어째서 도서실이 음악실 옆에 붙어 있는지?

정작 그 학교의 교감은 왜 이렇게들 흥분하지라는 의아한 표정으로 답변했다. 조금 시끄럽다. 그게 뭐 어떤가? 도서실에서 숨소리도 내지 말고 책을 읽을 필요는 없다. 옆 친구와 서로 물어보며 이야기하면서 읽어도 된다. 재미있는 내용이 나오면 웃어도 된다. 음악실은 다른 교실 옆에 있어도 노랫소리는 들린다. 도서실 옆에서 노랫소리가 나오면 더 좋지 않은가? 그리고 너무 근사한 이야기를 덧붙인다. 학교에는 밝은 소음과 어두운 소음이 있다. 즐겁게 웃고, 기분 좋게 노래 부르는 소리는 밝은 소음이다. 크게 들려도 거슬리지 않는다. 울거나 짜증 내거나 소리 지르거나 싸우며 욕하는 소리는 어두운 소음이다. 이런 소리는 적을수록 좋다. 그래서 도서실과 음악실에서 나는 소리는 전혀 신경 쓰지 않는다.

그렇다. 학교에서 생활하는 학생들은 정작 시끄럽게 생각 안 하는데, 교사나 건축가들, 어른들만 그렇다고 생각하는 게 아닌가? 그래서 도서실은 소음이 없어야 하는 공간으로 여기는 것이 아닌가? 도서실은 학생들의 즐겁고 편안한 장소가 되도록, 도서실 자체나 그 주변의 시설 배치에 선입견과 부담을 갖지 말자.

학교공간에
영향을 주는
미래교육환경의
변화와 대응은?

학령인구 감소와 추이

2020년 449만 명 대비 →

2030년 총 332만 명 예상, 26% 117만 명 감소

2030년, 실제로 학생 수 감소가 어느 정도까지 예상되는가? 주민 등록 인구 데이터(2018년 말 기준)와 통계청 장래인구 특별 추계 데이터 (2019년 3월 기준)의 최근 5년간 진학, 취학률 등을 적용하여 예측한 교육부 교원정책과 자료를 보면, 초등학교는 2020년 대비 93만 명, 35%, 중·고등학교는 2020년 대비 25만 명, 13.2%, 총 117만 명, 26%가 감소될 것으로 보고하고 있다.

이러한 학생 수 감소는 자연스럽게 학급당 학생 수 감소로 이어질 수가 있다. OECD 기준과 비교를 해보면 한국의 초등학교 학급당 학생 수는 23명으로, OECD 평균 21명과 비교했을 때 2명 정도 높다. 중등학교에 한국 학급당 학생 수의 평균 27.6명으로 OECD 평균 23

명보다는 대략 3명 정도 높은 수치를 갖고 있다. 이러한 학급당 학생 수의 변화 추이를 2005년부터 2017년까지의 통계를 보면, 2005년에는 32.6명에서 2010년 27.5명으로 5년에 걸쳐, 5.1명이 축소되었고, 이는 OECD 평균과 비교하면 매우 큰 폭의 축소이다.

2005년에서 2010년까지는 연간 평균 1.02명 비율로 감소하였고, 2010년부터 2013년까지는 매년 평균 1.16명의 비율로 축소, 2014년부터 2017년까지는 매년 평균 0.225명의 비율로 축소 폭이 떨어지고 있지만, 최근 5년간의 축소 추세로 가정하면, 우리나라의 초등학교 학급당 학생 수가 1명 축소되려면 4.5년이 소요되는 것으로 단순 예측할 수 있다.

이런 통계는 우리가 교육재정과 교원 충원 또는 학교시설의 설립에 충분히 활용할 수 있을 것으로 생각된다. 반면, 학생 수 축소를 통한 학급당 학생 수 적정수준 유지 정책은 총공사비의 증가, 학교 수의 증가에 따른 학교용지 확보비용의 증가, 교원 추가 확보, 교육과정 재개발 등 다양한 측면에서 정부의 행·재정 부담이 발생하는 것이 사실이다.

미래교육환경에 변화요인에
대응하는 학교공간

　　26% 수준의 학령인구가 감소한다는 수치는 단순히, 현재보다 1/4의 학교가 사라지거나 또는 1/4의 학교 내 공간이 활용되지 않을 것이라는 가정이 가능하다. 이에 정부는 2018년부터 앞으로 학교 내 활용하지 않는 교실에 대한 활용원칙을 정해, 학교 내 빈 교실은 학교 내 교육과정과 병설 유치원 설립 등 학교 본연의 기능에 우선 활용하고, 이후 지역별 수요와 사용자의 요구에 대응한다는 '학교시설 활용 및 관리 개선방안(교육부, 2018. 02. 01.)'을 수립 추진하고 있다.

　　사실, 학령인구 감소와 함께 학교공간에 영향을 줄 수 있는 여러 가지 미래교육환경의 변화요인들은, 즉, 학생 수 감소, 기후환경 급변, ICT 학습환경의 변화 등에 대해서는 우리 모두 충분히 예상 가능했었고, 이미 준비해 왔다. 이러한 대비에는 교육정책과 교육재정 전반에 걸쳐 큰 변화를 반드시 요구하고, 세부적으로 교육과정의 변화, 교수학습방법의 변화, 학급당 학생 수의 축소, 교원확보 정책의 변화, 학교건축 및 공간의 변화, 교육재정 예산의 확대를 수반하게 된다.

반면, 학생 수 감소는 교육환경의 질적 수준 향상을 가져올 수도 있다. 또한 지금까지 전통적인 방식과 형태, 공간을 가진 학교와 제도권 내의 학교에서 다른 형태의 학교, 즉 복합화학교, 통합운영학교, 종합미디어센터(창의적 활동, 통합융합공간) 중심 학교, 학교스포츠클럽 활동(소규모체육관, 댄스실, 무도실) 강화 학교 등이 등장할 것이라는 예상은 당연하다.

사단법인 학교건축창의융합포럼의
국제포럼 개최

● 2020 공동 온라인 국제포럼 포스터

● 2021 공동 온라인 국제포럼 포스터

　　이러한 배경과 변화 때문에 사단법인 학교건축창의융합포럼은,
교육부의 후원하에 2020년 학교건축의 세계적인 석학과 건축가들을
초청해, 인구 감소에 따른 학교건축의 지역사회·공공시설과의 복합

화, 학교급 간의 통합화 사례 및 포스트 코로나19에 대처하는 한국과 외국의 사례를 공유하는 온라인 국제포럼을 개최하였고, 2021년 융복합 교육에 대응하고 학생과 교사가 중심이 되는 학교 신설 및 개축에 따른 미래학교건축공간의 혁신적인 창의성의 사례를 발표하는 온라인 국제포럼을 개최하였다.

COVID-19의 어려운 상황 속에서도 2년 연속 개최되었던 이 국제포럼은 학교건축에 관심이 있는 교육부, 시·도교육청 공무원, 교사, 학생, 대학원생, 건축가, 해외 전문가들을 대상으로 상설 프로그램으로 진행될 예정이다. 앞으로 이 포럼에서는 학교건축분야의 세계적인 석학과 건축가들을 국내에 직접 초청해 각 국가들의 현주소와 미래에 대한 대비를 우리나라의 실정과 심층적으로 비교해 보는 토론의 장을 활성화시킬 것이다.

지역 커뮤니티시설과의 복합화학교의 증가

    학생 수 감소로 인해 학교 설립 자체를 억제하거나, 소규모학교를 설립하지 않고 최소 적정규모 이상의 학교를 설립한다는 원칙으로, 자연적으로 학교의 설립 기회는 줄어들 수밖에 없게 된다. 그러나 신도시의 개발, 구도심의 재개발 등으로 신설학교의 수요가 계속 발생하는 현상 때문에 단독적인 학교 설립보다 지역의 공공시설과의 복합화를 통한 학교 설립이 하나의 대안으로 등장할 수밖에 없다.

    우리나라는 2000년대 초반부터 학교시설을 주로 도서관, 주차장, 생활체육시설 등의 지역 공공시설과 복합화가 진행되었다. 2015년 이후 경기도 화성 동탄 지역은 사업예정지역별로 공공도서관, ICT교육시설, 청소년 미디어시설, 공연예술시설, 평생교육시설, 음악·미술 특화문화센터 등을 설립 예정 초등학교 및 중학교와의 복합화를 단계별로 추진하고 있고, 이러한 방식은 현재는 우리나라의 대표적 사례로 자리매김하며 전국 지자체에서 벤치마킹하고 있다.

● 화성 동탄 중앙초등학교와 이음터 전경 및 도서관
사진: ㈜디앤비건축사사무소

● 화성 동탄 목동초등학교/이음터 전경과 음악전문 도서관
사진: ㈜디앤비건축사사무소

　　동탄 중앙초등학교는 동탄2신도시의 학교복합화시설의 명칭을 '이음터'로 하고, 2017년 중앙이음터를 개관하였다. 지역과 학교를 잇는 마을공동체 거점공간으로 책과 사람을 연결하고, 사람과 사람을 연결하는 만남의 장이 된다. 단순히 책만 빌리고 읽는 공간에서 벗어나 남녀노소 누구나 필요한 정보와 교육, 문화가 살아 숨 쉬는 지역사회의 지식정보센터이자 커뮤니티센터가 되어 다양한 사람들과 소통한다. 아이들과 지역주민 모두를 환영하며 함께하는 안전한 평생학습 배움터, 꿈을 이루고 미래를 준비하는 복합화시설이 된다.

동탄 목동초등학교와 이음터 역시 배움터, 체육관, 이음터의 기능을 구분하는 비워진 공간에서 출발했다. 음악 전문 도서관은 이전 학교에선 전혀 볼 수 없었던 새로운 공간의 제안이었다. 비워진 광장을 통해 공동주택과 공원은 시각적으로 연계되고, 배움터와 이음터는 광장을 공유하며 상호 소통한다.

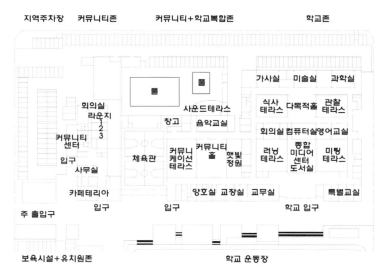

● 기리하라 커뮤니티/기리하라 소학교 전체 배치도

● 지역 커뮤니티시설 영역 입구와 보육원 영역

일본은 사실 우리보다 꽤 앞서, 학교시설 복합화의 사례가 많이 설립되고 있다. 일본의 시가현 오미하치만시 오미하치만역 근처 농지와 주거지 밀집지에 위치한 기리하라 소학교는 지역 커뮤니티시설과 초등학교가 연계된 복합화학교로서, 유치원(보육시설), 지역 커뮤니티홀, 지역방재거점센터, 체육관, 수영장, 도서관을 초등학교와 복합화 추진을 통해 2016년 대대적으로 건립된 일본의 대표적인 복합화학교 사례이다. 기리하라 지역 홀, 음악실, 외부공간 등 주민시설과 학생시설을 연계 활용해 지역 내 주민 교육시설의 역할을 충족하고, 주민과 학생이 소통하는 교류 테라스, 미디어센터(도서관) 등 다양한 소통공간을 제시한다. 또한 비상 시에는 지역 내 제1차 대피공간으로 사용하거나 비상 음용수를 제공하는 등 지역방재기반시설로서 역할 할 수 있도록 계획하였다.

초·중 또는 중·고 통합운영학교의 증가

학생 수 감소는 신설학교 수 자체의 감소를 불러오고, 다른 한편으로는 자연스럽게 소규모학교의 설립을 불러오지만, 적정규모의 학교를 설립하기 위해서 초·중 또는 중·고 통합운영학교가 필연적으로 등장하게 된다. 이러한 통합운영학교는 한국과 일본에서 자연스럽게 증가하고 있는 상황이다.

OECD 국가별 학제를 비교하면, 현재 회원국 37개국 중에서, 6-3-3 학제를 유지하고 있는 국가는 겨우 21%인 8개 국가에 그치고 있고, 나머지 79%에 가까운 국가들은 이미, 세계적으로 학제의 변경, 통합, 학점제, 무학년제 등 다양한 학제를 시행하고 있거나, 또 다른 다양한 학제의 변화를 시도하고 있다. 이들 79% 국가들의 주요한 특징은 초등학교와 중학교 교육을 대부분 연계하고 있다는 것이며, 고등학교는 대학 진학과 직업 선택에 대한 가능성을 충분히 열어놓고, 학생들이 자유롭게 선택하는 학제를 시행하고 있다는 것이다. 이와 같은 추세는 새로운 학제 개편을 준비하고 있는 우리나라에 시사하는 바가 크다고 사료된다.

우리나라의 통합운영학교는 일본의 일관교육학교나 의무교육학교와 제도가 일부 유사하다 할 수 있다. 하지만, 학제 및 수업연한 6-3-3 제도를 절대 변경할 수 없다는 측면과 일본의 의무교육학교는 명칭 또한 초·중·고등학교와 같이 제도화된 독립적인 학교인 반면, 우리는 새로운 형태의 학교가 아닌, 운영(초중등교육법 제30조(학교의 통합·운영))에 있어서만 통합된다라는 측면에서 완전히 다르다고 할 수 있다.

통합운영학교는 자연스럽게 초등학교와 중학교 과정의 학제간 융합과 교류가 일어난다. 학생 간의 교류도, 교사 간의 교류도 일어난다. 그렇다면, 공간구성과 계획을 할 때는 융합과 교류를 위해, 두 학교급이 공유할 수 있는 공간은 철저하게 공유하게 하고, 공유로 인해서 여유가 되는 공간은 반드시 초등과 중등에게 풍부한 전용공간으로 되돌려 줘야 한다.

그러나 지금 우리 주변에서 개교하고 있는 초·중통합운영학교는 어떤 상황인가? 초등학교와 중학교가 전용의 독립공간을 별도로 가진 채, 단지 울타리 없이 인접해서 개교하는 것이 현재 일반적이다. 그렇다면 작은 초등학교와 중학교를 한 공간에 만들어 놓는 것과 무슨 차이가 있겠는가?

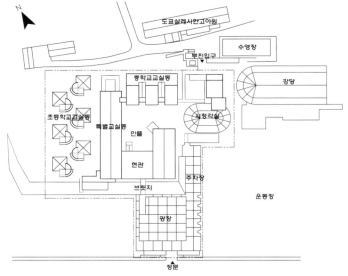

● 육영학원 샤레지오 초·중 연계 통합운영학교 배치 및 초등학교 교실동 외부와 내부 모습

일본 도쿄 고다이라시에 위치한 초·중 연계 통합운영학교인 육영
학원 샤레지오 초·중학교는 아주 작은 학교이다. 샤레지오 초·중학교
는 가톨릭 미션스쿨로서 설립자인 돈 보스코의 아이들 가까이서 교
육한다는 '아시스텐차'를 교육이념으로 아이들의 곁에서 함께 놀이를
하며 아이들의 목소리에 귀를 기울이고 그들의 생각, 좋아하는 것,

재미, 소원, 고민, 불안 등을 공유함으로써 아이들의 신뢰를 얻어가는 교육방식을 운영한다.

작은 마을 같은 곳의 좁은 입구로 들어서면 얼마 지나지 않아 갑자기 넓은 광장을 만난다. 초등학교 영역의 집 모양의 매스는 친근하고 편안한 이미지에서 기존 학교와 다른 이미지를 느끼게 해 준다. 주거형태의 초등학교 매스와 다른 박스형의 모던한 중학교 매스는 이질적이지만 두 학교 사이의 중정에서 만들어지는 커뮤니케이션 공간으로 자연스럽게 보인다. 공용시설을 두 학교급이 완벽히 공유하고, 각 학교급은 전용공간을 오히려 풍부하게 사용하고 있는 소규모 통합운영학교 건축계획의 바람직한 사례이다.

도서실과 결합된 종합미디어센터

학생 수 감소는 또한 종합미디어센터 공간의 등장과 관련이 크다. 예전보다 지금은 책을 통하는 것보다 컴퓨터실과 인터넷을 통해서 더 많은 정보를 얻을 수가 있다. 그래서 정보의 습득은 책과 인터넷을 통해서 가능해지고, 도서실과 컴퓨터실은 연계될 수밖에 없게 된다고 강조하였다. 또한 도서실은 학생과 학생, 학생과 교사, 학급과 학급, 교과와 교과 상호 간의 교류가 일어나는 융합적인 공간이기 때문에, 지금까지 학교 내 도서관이 단순한 서고의 역할만 했다면 그동안의 고정관념을 반드시 변화시켜야 할 대상이 되어야 한다. 학생 수 감소로 공간의 여유가 생겨 다양한 변화가 가능해진 이 도서실 공간을 단순히 규모를 늘리거나 휴게시설을 확충하는 것에 그치지 말고 창의융합복합공간으로서 중추적 역할을 하는 종합미디어센터 공간으로의 변화를 꾀해야 할 시점이다.

종합미디어센터는 기존의 여러 공간을 통합하여 학생 상호 간, 학생 교사 상호 간의 커뮤니케이션을 추구하는 대규모 공간으로서, 학교 전체의 커뮤니케이션 콤플렉스의 핵심 역할을 담당하고 있기 때문에 설계자가 스페이스 프로그램상 요구하는 실을 단순히 채워 넣기식의 형식적인 계획이 아닌, 각각의 기능이 분산되지 않고, 한 곳에 통합시켜 그 기능을 극대화시키는 계획안을 신중히 찾아내야만 가능하다는 것을 명심해야 한다.

도시샤 국제 중·고등학교의 종합미디어센터는 1997년에 교사들의 자발적인 요구로 수년간의 미국, 캐나다 등의 벤치마킹을 통해 설치되었으며, 2017년 전반적으로 리모델링되어 현재 모든 수업에 적극적으로 활용되는 건물이다. 종합미디어센터는 용도에 따른 다양한 지역 존을 만들고, 각 구역은 카펫 색깔로 용도를 구분하고 있다. CZ1, CZ2, RED, GREEN, MOSAIC 영역별 카펫 색상으로 구분된 공간은 벽체 없이 완전히 열려 있는 공간이면서, 중·고등학교 5개의 클래스가 구분 없이 동시에 수업이 이루어진다.

종합미디어센터에서의 수업 신청방법 및 선정은 매 학기 4월 초에 각 교과목의 교사가 학교 인트라넷을 통해 어느 공간을, 어느 수업에, 어떤 기자재를 활용해, 몇 명의 교사가, 어떻게 사용하겠다는 신청을 하면, 중·고등학교의 각 교과의 주임교사, 카운슬러, 종합미디어센터 담당자들의 논의와 평가를 거쳐, 한 학기의 시간표를 설정해서 이용한다. 방과 후 공간은 개인도 신청이 가능하기 때문에 등하교 시간대에도 자유롭게 이용할 수 있어 책을 읽거나 컴퓨터를 자유롭게 사용하거나 레포트를 쓰거나 비디오를 보거나, 휴식의 공간으로도 자유롭게 이용된다.

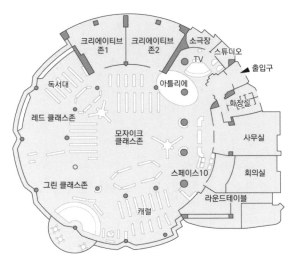

● 교토 사립 도우시샤 국제 중·고등학교의 종합미디어센터 평면 및 내부

　이 센터는 기존 도서실, 컴퓨터교실, 시청각교실, 일반교실 등의
개별 기능을 갖춘 공간, 이를 통합한 공간, 학생 상호 간, 학생 교사
상호 간의 커뮤니케이션을 추구하는 공간으로, 학교 전체의 커뮤니
케이션 콤플렉스의 핵심 역할을 담당하고 있다.

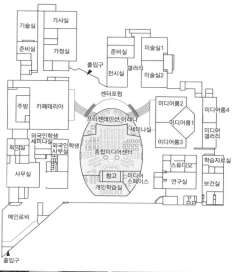

● 교토 사립 리츠메이칸 초·중·고등학교의 종합미디어센터 평면 및 도서실

리츠메이칸 국제 초·중·고등학교는 초, 중, 고 단계에서 맞이하는 1학년 시즌에 적응을 못하는 문제를 해소하기 위해, 기존의 초 6년, 중 3년, 고 3년이 아닌 독특하게 초 4년, 중 4년, 고 4년 식으로 교육과정을 개편하였다고 앞서 소개하였다. 교실 유닛을 남북으로 3개씩 총 6유닛을 배치하고 있고, 중학생의 홈룸교실과 교무실을 북측 동에 배치하고, 남측동에 고교생의 홈룸교실을 배치하고 있다. 종합미디어센터, 미디어 포럼, 홀, 오픈 스페이스, 런치룸 등의 공통에 이용

하는 시설을 건물의 중심 영역에 배치하고 각 층 및 전체의 입체적인 일체감을 구성하고 있다. 이 종합미디어센터는 주변에 센터포럼, 그룹 미디어실, 스튜디오, 학습연구실, 개별 자습실, 국제 학생 세미나실, 회의실, 가정과, 미술실, 기술실, 카페테리아 등이 둘러싸여 있어, 학생들의 교과활동 및 개별 자유활동 등에 자유롭게 활용되도록 구성되어 있다.

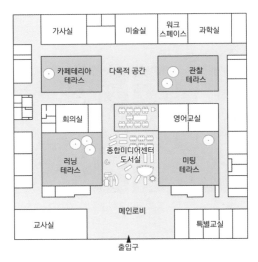

● 시가현 오미하치만시 기리하라 커뮤니티의 종합미디어센터 평면 및 테라스

기리하라 커뮤니티는 학교 전체를 지역 문화제 개최를 위한 공간으로 활용하게 하는 등 마을주민과 잦은 교류를 도모하고 있고, 어린이집은 귀가하기 전까지 자연스럽게 머무르는 곳으로 이용되고 있다. 교사동 1층의 메인 로비를 거쳐 미디어센터가 중앙에 위치하고, 이 주변에 PC실, 멀티 스페이스가 개방적으로 연계되고 있다. 이 미디어센터의 주변에는 4개의 외부 및 내부공간이 위치해 연계되는데, 각각 러닝 테라스, 휴게 테라스, 관찰·창의 테라스, 카페테리아 테라스로 명명된 공간이 위치하고 있다. 그 주위로는 과학실, 기술실, 가사실, 공동 준비실과 교사실이 위치해 체험활동 및 교과활동을 지원하고 있다. 학습영역의 중간에서 모두 연계되도록 계획한 테라스들의 공용공간과 복도는 유리로 분리되어 있어, 학교 내부와 공용공간에 시각적 연속성을 부여하여 시설 전체가 자연스럽게 연결되는 느낌을 받는다. 이 장소들은 학생들의 개방적인 모임과 커뮤니케이션 장소로 활용된다.

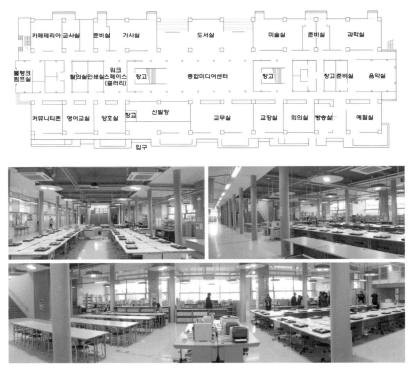

● 일본 나고야 기후 소학교 1층의 복합미디어센터와 오픈된 도서실과 연계된 모습

　　일본 기후시 기후 소학교의 종합미디어센터는 공간 중심부에 미디어센터가 있고, 북측으로 도서실이 위치한다. 1층 전체가 벽체로 막히지 않은 공간이어서, 독서공간, 발표수업을 할 수 있는 공간, 메이크업 교육공간과 다양한 실습교과교실 등이 종합적으로 조닝되어 있다. 이곳에서는 같은 교과목 간 연계된 융합수업은 물론, 타 교과목과도 연계된 수업을 하고 있다. 더욱이 학급과 학급, 학년과 학년, 학교와 지역주민이 함께 융합수업을 할 수 있는 종합미디어센터 공간으로 활용하고 있다.

스포츠클럽 활동이 강화된 공간

● 교토 사립 리츠메이칸 초·중·고등학교의 종합운동장 및 옥상의 테니스코트

● 도쿄 도시마 구립 이케부쿠로 혼쵸 초·중학교의 무도실과 체육관의 개폐형 벽체와 무대

　　2015 개정 교육과정은 '학교스포츠클럽 활동'을 의무 편성·운영
하도록 하고, 창의적 체험활동의 동아리활동으로 편성, 강화하도록
하였고, 2022 교육과정에서도 이 기조는 유지되고 있다. 이 변화는
성장기 학생들의 체육활동이 매우 중요하다는 것을 강조하고 있는

것이며, 이 교육과정 요구에 대응하기 위해서는 체육시설의 확대도 중요하다는 의미가 된다. 앞으로는 기존의 대체육관 외에 중규모 또는 소규모체육관, 댄스실, 무도실 등을 반드시 추가 확보해야 한다.

교토 사립 리츠메이칸 초·중·고등학교는 축구장, 야구장 등의 종합운동장과 그물망을 갖춘 테니스코트 4면을 옥상에 확보하고 있다. 도쿄 도시마 구립 이케부쿠로 혼쵸 초·중학교는 유도와 검도를 훈련할 수 있는 무도실과 벽면 전체가 개폐되어 다양한 체육활동이 가능한 별도의 소규모체육관을 확보하고 있다. 현재 우리나라의 학교에도 교실 2~3실 규모의 다목적 체육공간, 댄스실, 소규모 극장 등이 등장하고 있는 것은 이와 무관하지 않다.

초등학교 활용가능교실을
지역이 요구하는 공간으로

● 부산 금창초등학교 공립어린이집, 서울 등촌초등학교 공립유치원

● 성남 청솔초등학교 지역아동센터, 부산 개화초등학교 안전체험시설

　　최근 수십여 년 동안 도심지역의 공동화현상과 저출산 시대의 도래에 따른, 도심지역에 위치했던 학교 내의 급격한 학생 수 감소는 대규모의 사용하지 않는 교실의 발생으로 이어지게 되었고, 그 활용

방안에 고민하던 학교와 지자체가 시설개선방안 및 활용방안을 모색할 필요성에 직면하고 있다. 농산어촌지역도 고령인구의 증가와 인구수 감소로 결국 과소학교 발생으로 소규모학교 간 통폐합이 진행되며, 역시 사용하지 않는 교실들이 과다 발생하고 있다. 학교현장에서는 이러한 교실들을 여러 가지 다양한 용도로 변경하여 활용하고 있는데, 지자체와 지역주민이 요구하는 공간으로 공립어린이집, 공립유치원, 지역아동센터 및 영어센터로의 활용과, 개정 교육과정에 대한 대응으로, 초등학교 내 안전체험시설로 활용되고 있는 사례는 충분히 참고할 만하다.

팬데믹에
대응 가능한
학교공간 활용 대안

COVID-19 등과
함께 살아갈 수밖에 없는 일상

● 제한적 등교 및 사회적 거리두기를 철저히 지켜야만 했던 학교와 학생들의 모습
사진: http://www.enewstoday.co.kr/news
그래픽 이미지: 교육부

2020년 이래, 지금까지도 전 세계는 COVID-19로 인해 미증유의 힘든 상황을 맞고 있으며, 개인과 사회의 일상의 생활과 행태가 급격히 변모하고 있다. 특히 학생들이 주로 생활하는 학교에는 직접적으로 큰 영향을 주고 있으며, 단계적으로 학교를 등교하지 못하거

나, 제한적으로 등교하더라도 사회적 거리두기 지침이 철저히 지켜졌었다.

　　이러한 현상은 기존의 학교시설과 공간이 기본적인 교실과 이를 지원하는 시설로 활용되었던 전통적 활용방법에서 완전히 새로운 상황에도 대처할 수 있는 유연한 활용방법에 대한 근본적인 변화가 필요하다고 요구하고 있다.

기존 학교의 교실 환경을
그대로 활용하는 대안

1/3 또는 2/3만 등교했던 현실

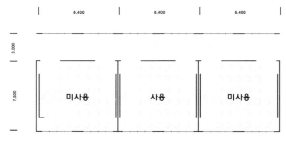

● 1/3이 등교했지만, 실제로 한 교실에는 100%가 등교했던 현실

    2020년 COVID-19가 심각했을 때, 학생들이 제한적으로 등교했던 상황을 먼저 파악해 볼 필요가 있다. 초등학교와 중학교는 학교 전체의 1/3(상황에 따라 2/3)이 등교를 했다. 정확히 이야기하면 초등은 2개 학년, 중등은 1개 학년, 그래서 1/3 학년이 등교를 했다. 그런데 1/3만 등교하지만, 학교 교실 안으로 들어가면 한 학급에는 예전과 동일한 100% 학생이 들어간다. 자기 학급 교실로만 들어가기 때문이다. 학교 전체를 보면 1/3이 등교를 하는데 한 교실에는 100%

의 학생이 있는 것이고, 그러면, 결국 교실은 2/3가 비어 있는, 미사용 중인 상황이 된다. 그러면 1/3의 학생이 등교하는 경우를 가정한다면 공간적으로 2/3 교실을 사용하지 않을 것이냐, 아니면 그 교실을 더 효율적으로 사용할 것이냐는 고려를 했어야 했다.

대면수업과 교실 미러링수업의 동시 진행

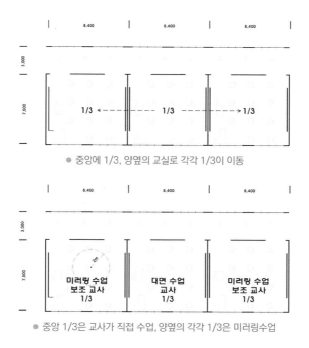

● 중앙에 1/3, 양옆의 교실로 각각 1/3이 이동

● 중앙 1/3은 교사가 직접 수업, 양옆의 각각 1/3은 미러링수업

그 1/3 학생들을 중앙의 한 교실에 배치하고 나머지 2/3 학생들을 옆 교실에 배치를 한다. 중앙 교실의 1/3은 교사가 직접 대면수업을 하고, 나머지 양옆의 1/3, 1/3 교실에서는 보조교사가 보조 또는

관찰을 해 주면서 교사가 수업하는 내용이 양쪽 교실에 미러링되도록 한다. 양쪽 미러링되는 교실에는 보조교사가 배치되고, 대면수업을 하는 교사의 수업내용이 보여지는 스크린이 설치되고, 또 대면수업을 하는 교사의 교실 뒷벽에는 미러링수업을 듣는 학생들의 얼굴을 볼 수 있는 스크린이 설치되면 수업이 아주 자연스럽게 가능하다. 학교에 있는 시설을 충분히 활용하면서 수업이 이루어질 수 있었다.

물론 이미 Zoom이나 이사 유사한 비대면수업 방식이 학교현장에 신속하게 일반화되어, 미러링 수업 방식 등은 훨씬 손쉽게 적용할 수 있다.

대면수업과 홈 미러링수업의 동시 진행

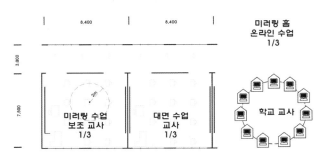

● 1/3은 교사가 직접 수업, 옆의 1/3은 미러링수업,
등교가 어려운 나머지 1/3은 집에서 홈온라인 미러링수업

또 다른 방법은 학교시설을 100% 다 사용하기는 어려울 경우, 2/3 공간만을 사용하는 것을 가정했을 경우이다. 역시 학교에 1/3이 등교하고, 한 교실에서 교사가 대면수업을 하고, 옆 교실에서 1/3의

학생이 미러링수업을 한다. 학교에 등교하지 못한 나머지 1/3 학생들은 집에서 홈온라인 미러링수업을 하는데 단순히 EBS수업을 보는 것이 아니고 대면수업을 하는 교사의 수업내용을 이러한 수업내용은 기존의 학교의 교실 상태에서 ICT 환경에 미러링수업을 대응하는 것만으로도 충분히 가능하다.

신설학교 및 증개축이 가능한 학교공간의 가변적 대응 대안

복도를 워크스페이스 개념으로 전환

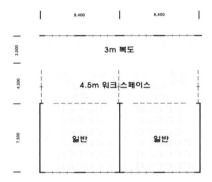

● 4.5m 폭의 워크스페이스 기능과 3m의 평상시 기존 통로의 기능이 되도록 결합된,
7.5m의 워크스페이스 공간 콘셉트

　신설학교와 복도 방향으로 증개축이 가능한 기존 학교의 경우에
서의 대안이다. 현재처럼 학급당 학생 수 기준 33명이 한 교실에서
수업을 받는 기준으로 가정을 한다. 평면 공간 컨셉은 현재 가장 일
반적인 교실의 모듈과 복도의 폭을 기준으로 제시한다.
　COVID-19와 같은 팬데믹 상황에서, 사회적 거리두기하에, 한 교실에서 더 많은 학생들이 수업을 받으려면, 교실 면적을 더 확장해서 추가적인 공간을 만들어야 하지만, 현재 내 교실의 뒷벽은 뒷교실의 정면 칠판이기 때문에, 함부로 철거하거나 바꿀 수가 없다. 또 나중에 이 상황이 정상화된다면 다시 복구하는데 비용이 들거나 공간이 부족하게 된다.

그러면 교실 뒤쪽이 아닌 복도 측으로 공간을 확장해 확보하는 것이 더 효율적일 것이다. 그렇다면, 복도의 개념을 단순한 통로의 개념에서 교류, 휴식, 준비, 홈베이스 등의 기능인 복합 '워크스페이스' 콘셉트로 전환하고, 이를 위한 4.5m 폭의 워크스페이스 기능과 3m의 평상시 기존 통로의 기능이 되도록 결합된, 7.5m의 공간 콘셉트를 고려해 볼 수 있다.

COVID-19 또는 이와 유사한 팬데믹 상황 발생 시

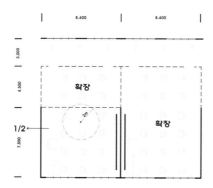

● COVID-19, 팬데믹 상황 발생 시, 복도 워크스페이스 측으로 교실을 1/2 확장

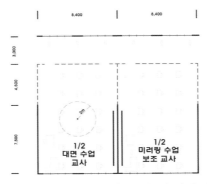

● COVID-19, 팬데믹 상황 발생 시, 1/2은 대면수업, 1/2은 미러링수업

COVID-19 또는 이와 유사한 팬데믹 상황이 발생되었을 때, 교실공간을 워크스페이스 쪽으로 확장해서 학생 간 거리두기 2m를 충분히 확보하고 50%의 학생들이 수업을 할 수 있는 교실 환경이 가능해진다. 역시 미러링수업을 통한다면 한쪽 교실에서는 확장된 교실에서 교사가 대면수업을 하고 또 다른 교실에서는 보조교사를 두고 미러링수업을 할 수 있다. 이러한 교실의 형태를 이미 확보하고 있는 여러 학교들이 있다. 충북 진천 음성혁신도시의 동성중학교, 세종 반곡고등학교, 대구 예아람특수학교의 경우 교실과 교실 사이에 다목적공간 스페이스가 폴딩 도어로 열려 있어서 두 공간을 확장 활용하거나 복귀할 수 있는 대응이 가능한 사례이다.

● 충북 진천 음성혁신도시의 동성중학교의 대응 가능한 다목적공간 복도

● 세종 반곡고등학교, 대구 예아람특수학교의 대응 가능한 다목적공간 복도
사진: ㈜디앤비건축사사무소

학년별 영역 조닝 및 학생 이동 동선 가이드 개선 전환

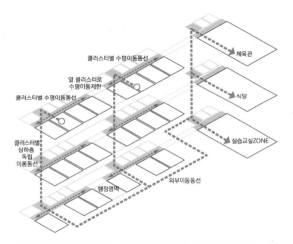

클러스터별 수평이동동선
옆 클러스터로 수평이동제한
클러스터별 수평이동동선
클러스터별 상하층 독립 이동동선
행정영역
외부이동동선
체육관
식당
실습교실ZONE

● 신설학교의 학년별 영역 조닝 및 학생 이동 동선 가이드의 전환 콘셉트 대안

신설학교의 학년별 영역 조닝 및 학생 이동 동선 가이드의 전환을 동반한 평면구성 콘셉트 대안이다. 이 대안도 역시 기존의 학교에도 적용 가능하도록 일반적인 편복도 형식의 평면을 기준으로 제시한다.

COVID-19 상황은 사회적 거리두기가 가장 이상적인 방역대책

중 하나이고, 학교 내의 학생들 간의 이동과 접촉을 최소화하는 것이 중요하다. 1/3은 학교에 등교를 하더라도 학교 내에서 예전과 같은 정상적인 이동과 접촉은 쉽지가 않다. 그러면 신설학교의 계획은, 설계자의 의도에 따라서 다양한 형태의 제안이 가능하겠지만, 학년별 영역 조닝 및 학생 이동 동선 가이드의 개선 전환을 동반한 콘셉트를 제안할 수 있다.

가령, 3~4개 학급 기준 클러스터를 조닝하고, 클러스터당 독립 공용시설(계단실, 화장실, 세면대)을 배치한다. 평상시 3~4개 학급이 사용하는 독립 공용시설을 COVID-19 시 2개 학급이 사용해 수직, 수평 이동 및 접촉을 최소화한다. 클러스터 내 학급 간 수평이동은 가능하고, 행정영역, 실습교실, 식당, 강당 등 상하층이나 인접 건물 등으로의 이동은 클러스터 내 독립 수직동선 이동 후 접근하도록 해 상호간 접촉 동선을 최소화한다.

평상시와 팬데믹 시의 조닝 및 평면구성 콘셉트 대안

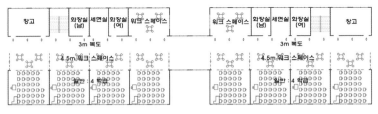

● 평상시의 클러스터 조닝 및 공간구성 콘셉트 대안

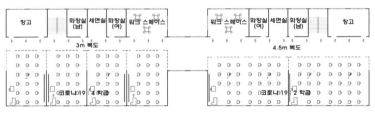

● 팬데믹 시의 클러스터 조닝 및 공간구성 콘셉트 대안

평상시

클러스터당 독립 공용시설에는 평상시에도 학생위생 및 건강을 우선하도록 위생설비 및 공간구성을 지금의 기준보다 한층 확대 강조하고, COVID-19 시에 교실이나 워크스페이스에 있는 교구를 보

관할 수 있는 교재 교구 창고를 반드시 확보하는 것이 필요하다. 이 클러스터에는 교류, 휴식, 독서, 수업준비, 교사공간 등의 학생 창의 융합복합공간들을 자유롭게 배치하는 것은 건축가의 몫이다.

팬데믹 시

이러한 평면구성 콘셉트 대안은 워크스페이스 측으로 교실의 폭이 확장되고, 학생은 2m 거리두기를 확보한 채 대면수업과 미러링 수업이 가능한 방안과, 또 다른 콘셉트는 워크스페이스 쪽으로는 일부만 확장되고 뒷 벽이 이동되면서 2개 교실이 한 교실로 확장돼 온전한 한 학급이 동시에 수업할 수 있는 공간으로 구성할 수 있다.

평상시에서 팬데믹 시의 경우
대응공간의 변화과정 콘셉트 대안

평상시에는 교실과 워크스페이스, 복도 등이 다목적으로 활용된다. 팬데믹 시의 경우 교실의 교구를 복도 워크스페이스, 창고, 기자재실로 이동시킨다. 복도 측 슬라이딩 벽체가 이동되고, 워크스페이스까지 확장 또는 뒷교실의 벽체가 이동 확장된다. 팬데믹 시로 확장된 교실로 교구를 다시 이동하고, 거리두기하에 대면수업 또는 미러링수업이 진행된다.

Zoom이나 태블릿 등을 통해 학교에 등교하지 않아도 충분히 비대면수업이 가능한데, 또 유사한 상황이 발생하면, 그렇게 대응하면 되지, 굳이 학교를 이렇게까지 바꿀 필요까지 있느냐고 묻는 사람들도 있다. 그러나 오랜 기간 비대면수업으로 학생들의 기초학력이 크게 저하되었고 대인관계, 사회성 형성이 부족해 학교가 정말 위기라고 걱정하는 목소리가 더 크다. COVID-19나 또 다른 예측 불가능한 상황이 오더라도 학교는 다시는 문을 닫아서는 안 되고 학생들은 자유롭게 학교에 갈 수 있어야 한다. 학교라는 공간은 교육의 장소이면서도 아이들의 생활과 만남, 교류의 장소이기 때문이다. 복도공간

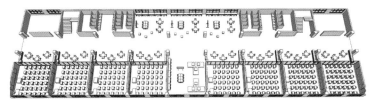

● 평상시의 공간

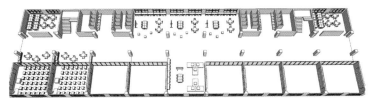

● 팬데믹 시의 경우 교실의 교구를 복도 워크스페이스, 창고, 기자재실로 이동

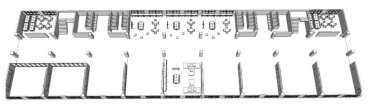

● 팬데믹 시의 경우 복도 측 슬라이딩 벽체를 이동

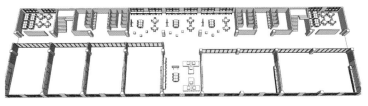

● 팬데믹 시의 경우 슬라이딩 벽체를 워크스페이스까지 확장 또는 뒷교실의 벽체 이동

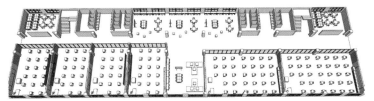

● 팬데믹 시의 경우 교실로 교구를 이동하고, 대면수업 또는 미러링수업 진행

의 워크스페이스 전환 및 동선 가이드 콘셉트는 지금 단계에서 할 수 있는 기초적 대안일 뿐이다. 이제는 더 먼 미래를 대비하는 유연하고 가변적인 학교건축 및 공간으로의 전환의 단계를 심층적으로 준비해야 한다. 그 내용이 이 책에서 내가 말하고 싶은 마지막 이야기가 될 것이다.

학교건축가의
의무적이며,
창의적인 사명

유연하고 가변적인
학교건축 및 공간으로 전환

학교는 지어지면 50년, 100년 이상도 지속된다. 지금부터, 30년, 50년, 그 이후에도, 한번 지어진 학교와 공간이 그대로 사용될 수 있을까? 아니다. 고정된 건축과 공간 자체가, 새로운 교육과정, 사용자, 환경, 변화에 대응하기 어려운 제약이 돼서는 안 된다. 학교가 지어지는 그 시대에도 맞아야 하는 것은 분명하지만, 미래의 어느 시점에서인가의 다양하면서도 예측 불가능한 변화에도 자유롭게 대응할 수 있도록, 지금까지의 학교건축과 공간을 접근했던 생각과 관행을 바꾸고, 이제부터는 유연성과 가변성을 최대로 한 학교를 계획해야 한다. 그러한 유연성과 가변성을 가진 학교공간이, 오히려 사용자의 활동을 제한하지 않고 상상력을 자극할 수 있는 공간 만들기로, 요즘 부르짖는 학교공간혁신의 본질이다

일본은 우리나라보다 학교건축공간에 대한 다양한 시도와 개선이 이루어지고 절대적으로 존중을 받는다. 분명히 학교건축학자나 건축가들의 오랫동안의 노력과 헌신에 기인할 것이다. 특히 CAt의 건축가인 카즈코 아카마츠(호세이대학교 교수)는 가변적인 학교공간을 만드는 데 있어

일본 내 가장 선구자적인데, 구마모토 우토 소학교, 도쿄 다찌가와 다이이찌 소학교·방과 후 하우스·도서실 등의 가변공간이 아주 대표적이다.

앞으로 우리나라도 이것보다 더 유연하고 가변적인, 그래서 건축가가 개입하지 않더라도, 학생, 행태, 교수학습, 교육과정, 미래 변화에 학생과 교사 스스로 어려움 없이, 필요할 때마다 유연하게 바꾸며 대처할 수 있는, 이전과 다른 형태의 학교로 전환하는 것이 반드시 필요하다.

가변의 수준별 정도는, 1) 주요 구조체를 제외한 모든 벽체의 이동 및 가변 단계, 2) 슬라이딩 방식 창호로 외벽체의 이동 및 가변 단계, 3) 무빙 월 벽체 및 레일 시스템 방식 내벽체의 이동 및 가변 단계, 4) 교실 복도 측 벽체의 워크스페이스로의 이동 및 가변 단계, 5) 교실 상호간 벽체의 이동 및 가변 단계 등의 단계적 대안을 구축해, 학교현장에서 각자의 조건에 맞춰 유연하게 대응할 수 있도록 제시해야 한다.
벽체의 이동 및 개폐 방식은, 1) 현재 벽체가 열리는 방식의 대부분을 차지하는 슬라이딩 창호 벽체, 2) 기밀성을 확보한 폴리카보네이트 벽체, 3) 무빙 월 및 레일 시스템 벽체, 4) 버티컬 폴딩 이동 벽체 등의 다양한 대안도 함께 제시되어야 한다.

이것은 지금까지 학교건축 한 길만을 공부해 온 학교건축학자로서의 앞으로 남은 사명이다.

학교건축을 공부하는 건축가에게만,
2가지를 꼭 부탁드린다

● 일본 기후 소학교의 학교사용 매뉴얼 일부

학교건축을 공부하는 건축가에게만, 다음의 2가지를 꼭 부탁드린다.

첫째는 교육과정 공부하기이다. 완벽하지 않더라도 교육과정을 이해해야 한다. 패러다임을 따라가지는 못하더라도, 최소한 학교에서 개정된 교육과정을 펼칠 수 있는 공간을 제공하는 데 최선을 다해야 한다. 건축가들이 교육과정을 이해 못 해서 범한 실수는 너무나도 많고, 온전한 설계로 이루어지지 않아, 고스란히 학생들에게 피해로 돌아가는 것을 너무도 많이 보와 왔기 때문이다.

둘째는 본인이 설계한 학교의 '학교사용 매뉴얼'을 만들고 완공된 학교 찾아가서 이용실태 관찰하고, 설계상 문제점 확인하고, 다음 설계에 반영하기이다. 내가 설계한 학교와 공간에 대해서 사용자인 교사와 학생이 이해 못 할 수 있다. 자신의 설계의도를 설명해 주고 친절하게 공간을 또는 시설을 어떻게 사용해 달라고 알려드리자. 또 반드시 시간을 내서 학생들의 이용실태를 보러 가야 한다. 발견된 문제점은 자신의 다음 설계에서는 최소한 개선되어야 한다. 또 다른 실수나 잘못이 반복된다면 학교건축설계를 할 자격이 없다고 본인 스스로 인정하는 것이다.

학교와, 같은 나무들

　대도시이든, 중소도시이든, 농산어촌이든 학교들의 설립 우선순위와 우열은 없다. 종류만 다를 뿐이다. 학생과 교사, 교육공무원은 그 학교를 사용하는 가장 중요한 주체이다. 그들의 의견과 경험은 학교의 설립 및 학교공간에 중요하게 전달되고 작용해야 한다. 건축가들은 그들의 목소리에 귀 기울이고 미래를 밝히는 아이들이 생활하고 공부하는 공간인 학교를 위하여 반드시 사명감을 가지고 학교건축을 대해야 한다.

당신은 어떤 큰 나무를 심겠는가?

　학교를 시작한다는 것은, 다 같이 아이들이 모일 나무를 심을 준비를 하고 있는 것이다. 어딘가에 한 그루의 큰 나무를 찾아, 그 아래에 서 있는 것이다. 어떤 한 그루의 큰 나무를, 찾고, 또 찾고, 심겠는가?

　건축은 학교를 바꿀 수 있고, 학교는 아이들을 바꿀 수 있다. 그래서 학교를 어떻게 바꾸겠는가? 당신은 지금 무엇을 하겠는가?

지금의 학교
내일의 학교

초판 1쇄 발행   2022. 8. 26.
　　2쇄 발행   2022. 9. 22.

지은이 정진주
펴낸이 김병호
펴낸곳 주식회사 바른북스

편집진행 김수현
디자인 양헌경

등록 2019년 4월 3일 제2019-000040호
주소 서울시 성동구 연무장5길 9-16, 301호 (성수동2가, 블루스톤타워)
대표전화 070-7857-9719 | **경영지원** 02-3409-9719 | **팩스** 070-7610-9820

•바른북스는 여러분의 다양한 아이디어와 원고 투고를 설레는 마음으로 기다리고 있습니다.

이메일 barunbooks21@naver.com | **원고투고** barunbooks21@naver.com
홈페이지 www.barunbooks.com | **공식 블로그** blog.naver.com/barunbooks7
공식 포스트 post.naver.com/barunbooks7 | **페이스북** facebook.com/barunbooks7

ⓒ 정진주, 2022
ISBN 979-11-6545-835-5 03540